# 让云落地

# 云计算服务模式

## （SaaS、PaaS和IaaS）设计决策

修订版

【美】Michael J. Kavis 著　陈志伟　辛敏　译

# Architecting the Cloud

## Design Decisions for Cloud Computing Service Models（SaaS，PaaS，and IaaS）

電子工業出版社
Publishing House of Electronics Industry
北京•BEIJING

## 内 容 简 介

云计算落地已成事实。从前几年的概念普及，到如今越来越多的企业将业务迁移至云上，云计算正在改变整个社会的信息资源使用观念和方式。云计算还在不断成长，技术细节也在不断变化之中。对于使用者而言，能够基于自身的业务、技术和组织需求等各方面情况，选择正确的云服务模式，是成功使用云计算最关键的技术决策之一。

本书共有 16 章，作者有意避开了那些与产品或供应商相关的细节，侧重于架构师及架构涉及各方应当解决的各种挑战，或者说如何以适当的解决方案来解决业务问题；通过对具体问题的分析和案例讲解，向读者提供了大量可供参考的设计决策，并对所有云架构中都必须应对的重点领域进行了强调说明。

对于每一位想要或正在实施云计算项目的首席技术官、企业架构师、产品经理和技术决策者，本书都是必读之作。



版权贸易合同登记号　图字：01-2015-5067

**图书在版编目（CIP）数据**

让云落地：云计算服务模式（SaaS、PaaS 和 IaaS）设计决策：修订版/（美）迈克尔 • J.凯维斯（Michael J. Kavis）著；陈志伟，辛敏译. 一北京：电子工业出版社，2021.2
书名原文: Architecting the Cloud: Design Decisions for Cloud Computing Service Models (SaaS, PaaS, and IaaS)
ISBN 978-7-121-40534-1

Ⅰ. ①让… Ⅱ. ①迈… ②陈… ③辛… Ⅲ. ①云计算一研究 Ⅳ. ①TP393.027

中国版本图书馆 CIP 数据核字（2021）第 025449 号

责任编辑：张春雨
印　　刷：北京捷迅佳彩印刷有限公司
装　　订：北京捷迅佳彩印刷有限公司
出版发行：电子工业出版社
　　　　　北京市海淀区万寿路 173 信箱　邮编 100036
开　　本：720×1000　1/16　印张：17.25　字数：216 千字
版　　次：2016 年 3 月第 1 版
　　　　　2021 年 2 月第 2 版
印　　次：2023 年 2 月第 7 次印刷
定　　价：69.90 元

凡所购买电子工业出版社图书有缺损问题，请向购买书店调换。若书店售缺，请与本社发行部联系，联系及邮购电话：（010）88254888，88258888。

质量投诉请发邮件至 zlts@phei.com.cn，盗版侵权举报请发邮件至 dbqq@phei.com.cn。

本书咨询联系方式：010-51260888-819　faq@phei.com.cn。

谨以此书献给我的父母约翰和迪姆，以及我的兄弟比尔，他的职业精神和努力做到最好的工作理念，鼓舞着我做出一些成绩，并全身心投入计算机科学领域。

# 译 者 序

很明显，在各种有利因素的推动下，云计算正在快速进入新的黄金发展期。

过去十年是云计算蓬勃发展的十年。各国纷纷将云计算纳入战略新兴产业进行扶持。对于数字经济的共识，使云计算成为企业数字化和智能化转型的必然选择，企业上云进程进一步加速。而相关技术的不断发展成熟，使各类云计算应用从互联网行业加速向工业、建筑、医疗、政务、教育和金融等传统行业渗透。

在我国，云计算市场规模已经从最初的数十亿元增长到现在的千亿元。首先，从中央到地方，各级政府纷纷发布企业上云政策，比如《云计算发展三年行动计划（2017—2019年）》、《推动企业上云实施指南（2018—2020年）》等，为产业发展、行业推广等创造了良好的宏观政策环境；各类鼓励云计算与大数据、人工智能、5G等新兴技术融合的发文也先后出台，推动企业运用新一代信息技术加快数字化和智能化转型。最近随着新基建的推进，云计算进一步加快了应用落地进程，将在一些传统行业和领域实现快速发展。

其次，对于进行数字化转型的需求和焦虑，是推动企业上云的直接动力。几乎所有的行业和领域都在不同程度地将数字技术整合到自己的业务流程中，提升生产经营效率、管理能力和创新能力，带动发展模式变革。有咨询公司预测，到 2023年，数字化转型将占全球 ICT 支出的一半以上。这意味着企业在数字化转型方面进行大量投资将成为一种常态，如何上云、用云，以及“用好云”也将成为企业时刻要面对和思考的问题。

此外，以容器及编排技术、微服务、DevOps 等为代表的云原生技术，可以为企业提供更高的敏捷性、弹性和云间的可移植性，在云端开发部署应用已经成为一种趋势。在涉及企业管理和运营的多个环节上，SaaS 服务种类和数量都有显著增长，云原生安全理念也开始兴起，服务专业性也同步提升，这些都降低了企业上云等的门槛和顾虑。

如何正确上云，迈出数字化转型第一步？这也正是本书最初成稿的原因所在。《让云落地：云计算服务模式（SaaS、PaaS 和 IaaS）设计决策》共有 16 章，包含了云服务模式、云服务架构、安全、审计、开发文化和组织变革等各方面内容，作者有意避开了枯燥的产品或服务商说明，侧重于阐述“让云落地”时可能面对和应当解决的各种挑战，并通过对具体问题的分析和案例讲解，向读者提供了大量可供参考的设计决策。可以说，本书针对如何在首次接触云计算时获得成功这一问题给出了许多务实有效的建议。

从本书初版发行至今，我们很高兴地看到许多读者从中受益，拥抱云计算，开始了企业云化的旅程。然而，在数字经济的发展趋势下，我们也看到了还有一些企业在上云时的踌躇。一方面，面对商业和技术环境的快速变化，企业担忧落后于时代浪潮，也期望谋取更多商业机会，数字化转型势在必行；另一方面，转型意味着要调整当前的业务和管理模式，或以更优越的新业务模式替代初始的业务模式，如果盲目激进地投身其中，则难免有失败的风险。

因此在新一版中，我们结合最新的云计算发展状况进行了内容修订，并特意加强了案例相关内容的展示说明，以期能向读者提供更多参考，在“让云落地”时能做好准备，更有信心，也更有计划性。

在年底时回望今年的情况，会发现虽然新冠疫情的出现使很多产业受到重大影响，但也使企业和公共组织更加意识到了数字化的必要性。云计算的发展也呈现出一些明显趋势：比如民众对云服务的接受程度变高，接受周期也在变短，在线办公、在线会议等服务几乎变成了各企业组织的标准工作手段，财务管理、协同办公、营销和人力服务等各类 SaaS 服务快速落地；另外，云服务对传统服务提供形式的替代作用快速加强，在推动“复产复工”的同时，云计算本身能够“降本增效”的事实也逐渐被认知和接受，推动云计算产业快速发展。

正如本书所说的，我们正处在一个空前的技术革命的边缘。拥抱云计算并在云服务的搭建上选择了务实方法的公司，将成为这次变革的主要力量。而那些拒绝拥抱趋势或采取了错误措施的公司将逐渐被淘汰，不复存在。

让我们真正拥抱云，让云落地吧。

陈志伟

2020 年 12 月

# 序

我第一次遇见 Mike Kavis（迈克·凯维斯），是几年前他把我们的 SOA 课程"特许 ZapThink 架构师"（*Licensed ZapThink Architect*）引入他在佛罗里达的公司时。作为公司负责架构的副总裁，Mike 希望能说服自己的开发团队，让他们像架构师一样思考。当然，我无法在 4 天的时间里把开发人员转变成架构师，所以课程的重点是帮助人们像架构师一样思考。

你现在看到的这本书，任务也是如此。作为一种使用 IT 基础设施的方法，云计算还在不断成长，技术细节也在不断变化之中——但是云的架构原则已经基本确定。只有像架构师那样思考，你才能够利用云计算的全部威力。

架构师在 IT 部门中的位置比较特别，因为他们对业务和技术都有涉足。他们必须走出 IT 人员对技术的痴迷，把眼光放远，从细节上了解什么可行、什么不可行；但同时也必须立足市场，熟知业务，知道企业的战略、目标，以及问题。

本书将所有这些点串联了起来。Mike Kavis 有意避开了那些与产品或供应商相关的细节，侧重于架构师及架构涉及各方应当解决的各种挑战；或者说，如何以适当的解决方案来解决业务问题，这是一个谁都知道，但是易说难做的问题。

之所以在云中解决这些挑战会如此困难，是因为云并非只是一个简单的概念。它涉及方方面面的内容：SaaS、PaaS 和 IaaS 服务模式，公有的、私有的及混合的部署模式，更别说还有各种不同的价值主张了。有些组织想要通过云来节省费用，还有一些组织想要将资本支出转换成运营支出。更大的收益是能更好地应对不可预期的 IT 资源需求。

架构的意义从未这么明显。企业能否在云中搭建出真正解决业务问题的可行的解决方案，取决于是否进行了合理的架构设计。Mike Kavis 在高效的云方案架构设计方面有着多年的实践经验，我相信他的经验和见解能给大家带来非常多的帮助。

——Jason Bloomberg

ZapThink 总裁

# 前　言

> 如果你不知道要去哪儿，那么哪条路都行得通。
>
> ——路易斯·卡罗尔，《爱丽丝漫游仙境》

2008年的夏天，在企业数据中心构建软件超过30年之后，我离开了大企业，尝试从头创建一家科技公司，而所凭借的不过是一家初创企业创始人的独创性理念。多年来，我一直在各种约束下进行软件构建的工作，这些约束包括已有的数据中心和为获取新的计算资源所需要的漫长采购周期，直到我看到了基于付费的模式使用云计算实现更高敏捷性的机会。在我开始自己的工作时，我在社交网络上发布了一条消息，问是否有人知道任何在公有云上发生的有关实时交易处理的真实案例。我的推文引来了无数的嘲笑和尖刻的评论；毕竟，在2008年又有谁能想到实体零售店的POS系统会通过互联网、使用公有云中的交易引擎来处理信息呢？有人笑着留言说："如果你找到这样的案例一定要告诉我。"很明显，我们是探索者，我们只能按照探索者的方式来赚取经验值：试错！现在，几年过去了，我想要与读者分享这些经验和教训，让大家能从别人的经验中受益，而不必像探索者那样靠蛮力来试错。

有许多书对云计算的概念及云计算为什么是个人计算机诞生和互联网兴起以来最大的游戏规则改变者进行了详细论述。当前市场上的书也大都以管理层、初学者或开发人员为主。本书与此的区别在于，首席技术官、企业架构师、产品经理和关键的技术决策者是我们的主要目标读者。

有些以云架构师为读者对象的书会对如何在云中构建软件进行非常具体的阐述，并且通常会侧重于几个知名的供应商。本书的内容与供应商无关，因为讨论的所有内容均适用于所有的供应商或专用解决方案。我一直认为，成功使用云计算最关键的技术决策之一，就是基于业务、技术和组织需求等各方面情况选择正确的云服务模式。遗憾的是，市场上明显缺乏足够的信息来引导决策者理解这个关键决策点。因此，本书致力于从一个云服务消费者的视角向决策者提供各种服务模式的优点和缺点，以填补这个信息缺口。

对每一个开始为其云计算方案选择供应商和进入开发流程的决策者来说，本书都是必读之作。从零开始实现一个云方案是一项让人有畏惧感的工作。本书向读者提供了大量可供参考的设计决策，并对所有云架构中都必须应对的重点领域进行了强调说明。

## 内容概述

在每一章，我都会分享一个与主题相关的故事。这些故事不是来自我在自己的事业中曾经经历的个人经验，就是来自我的同行或同事；只是其中的公司、个人和产品的名称都用了假名来替代。鉴于我们在工作中都有着相似的经验，所以故事的讲述能帮助读者更好地将技术话题联系起来。正如任何其他的技术转变一样，围绕着云计算也有许多的炒作、神话和误解，这使得一些组织拒绝或难以接受云。在我的职业生涯中，我已经多次看到同样的情况出现在互联网、面向服务架构（SOA）、敏捷方法论及其他技术和理念的采用上，我也足够幸运地有机会以开拓者的身份参与到某些技术转变中。所以在本书中，我会用一些过去的故事来显示拒绝云计算与拒绝先前技术的相似之处。

我知道用熟悉的业务场景讨论技术会使读者对概念产生画面感，并且更容易将这种画面感与读者真实的生活场景对应起来。于是我创造了一个虚构的在线拍卖公司 Acme eAuctions（AEA），并且用 AEA 描述了许多相关的业务场景来帮助说明本书的重要观点。我对 AEA 业务的讨论涉及方方面面，而不仅限于其在线拍卖网站，所以那些并非从事电子商务的读者也无须过于担心。本书会有大量适用于所有读者的相关业务场景论述。

## 开卷须知

本书的写作目的是填补我在 2008 年创建自己第一个云应用时便已存在的空白。每章都提供了来自我个人经历（既有成功经验，也有失败教训）的一些见解。我希望通过分享这些经验、教训，以及提供一些涉及各领域的设计注意事项，我的读者能够做出更精确的设计决策，而不必像我一样依靠大量的试错来获得成功。如果设计得当，云计算的确能为用户带来巨大的收益，比如提高市场化速度、降低整体拥有成本，以及具有更多的灵活性等。但我们没有捷径可走。要想获得这些收益，我们必须采取一种更为务实的方法。本书的目的就是为读者提供各种设计考虑因素，帮助读者实现云所承诺的各种目标。

# 致　谢

首先，我想感谢我的妻子 Eleni，以及我的孩子 Yanni 和 Athena。他们在我的整个职业生涯中一直支持我，并且在过去的 10 年里，在我的人生经历了 4 年的夜校研究生学习、5 年的商业旅途奔波，以及将近 6 个月待在办公室撰写本书时，做出了各种牺牲。

没有我的朋友、导师及同样是 REST 信徒的 ZapThink 总裁 Jason Bloomberg 的指导、建设性批评及鼓励，我是无法完成这本书的写作的。多谢他对本书章节的检查及在我遇到困难时对我给予的帮助。

特别感谢两位勇士 Greg Rapp 和 Jack Hickman，他们与我一起奋斗了超过 10 年之久，帮我赢取了 2010 年的 AWS 全球初创企业挑战赛。如果没有像他们这样天才、专注又忠诚的技术人员，我是无法获得撰写云方面书籍所需的经验的。在 2008 年，没人会疯狂到将零售终端（POS）交易拿出零售店面，放到公有云中去。我们被零售商、POS 供应商、投资人、同行及几乎所有人拒绝。Greg 和 Jack 从未对公司的战略提出疑问，勇于接受各种挑战。我们一起改变了整个零售行业的现状，现在基于云的 POS 交易已经成为一种趋势。谢谢你们，Greg 和 Jack！

最后，感谢我的父母将我抚养长大，给予我最好的成长条件。爸爸和妈妈，你们可以多看看书里的图片，因为你们可能完全看不懂这本书在说什么。

# 关于作者

**Mike Kavis**（译者注：即 Michael J. Kavis）是 Cloud Technology Partners 公司的副总裁和首席架构师，也是一名行业分析师。他在技术职能方面有着超过 25 年的企业解决方案架构经验，担任过首席技术官、首席架构师及副总裁，为医疗健康、零售、制造业和忠诚营销行业提供服务。

2010 年，作为初创企业 M-Dot 网络的首席技术官，他的公司赢得了著名的亚马逊 AWS 全球初创企业挑战赛。M-Dot 构建了一个高速的小额支付网络，通过将实体零售终端系统集成到完全在亚马逊 AWS 公有云上搭建的数字激励 PaaS 之上，来进行数字激励的处理工作。M-Dot 网络在 2011 年被收购。在业余时间，他以咨询顾问的角色为一些初创企业提供有关架构和云计算方面的咨询服务。工作之余，他喜欢到新泽西的大都会球场去看他心爱的纽约巨人队的比赛。

# 目　　录


第 1 章　为什么是云计算，为什么是现在 ······ 1

1.1　云计算的进化 ······ 4

1.2　进入云 ······ 9

1.3　初创企业案例研究：Instagram，一夜之间，从 0 到 10 亿美元 ······ 11

1.4　成熟公司案例研究：Netflix，从本地向云端迁移 ······ 12

1.5　政府案例研究：NOAA、电子邮件，以及云端协作 ······ 13

1.6　非营利案例研究：奥巴马竞选运动，在线 6 个月，峰值仅几天 ······ 14

1.7　总结 ······ 15

第 2 章　云服务模式 ······ 16

2.1　基础设施即服务（IaaS） ······ 16

2.2　平台即服务（PaaS） ······ 19

2.3　软件即服务（SaaS） ······ 22

2.4　部署模式 ······ 23

2.5　总结 ······ 28

第 3 章　云计算的错误实践 ······ 30

3.1　迁移至云端时避免失败 ······ 31

3.2 （错误一）将应用直接迁移至云端 …… 31
3.3 （错误二）不切实际的期望 …… 35
3.4 （错误三）对云安全有错误认知 …… 38
3.5 （错误四）只选最喜欢的，不选最合适的 …… 40
3.6 （错误五）没有服务中断及业务停顿的应对方案 …… 42
3.7 （错误六）低估组织变革带来的影响 …… 44
3.8 （错误七）技术不足 …… 46
3.9 （错误八）对客户需求的认识不足 …… 49
3.10 （错误九）缺乏明确的成本管理和控制策略 …… 50
3.11 总结 …… 52

第4章 先从架构开始 …… 54

4.1 5W1H的重要性 …… 55
4.2 由业务架构开始 …… 56
4.3 识别问题（Why） …… 61
4.4 评估用户特征（Who） …… 63
4.5 明确业务和技术需求（What） …… 64
4.6 将服务消费者的体验可视化（Where） …… 65
4.7 明确项目约束条件（When及What） …… 68
4.8 了解当前的状况约束（How） …… 69
4.9 总结 …… 71

第5章 选择合适的云服务模式 …… 73

5.1 考虑何时选择云服务模式 …… 74
5.2 何时使用SaaS …… 78
5.3 何时使用PaaS …… 83
5.4 何时使用IaaS …… 87
5.5 常见的云使用案例 …… 91
5.6 总结 …… 93

第 6 章　云的关键：RESTful 服务……95
6.1　为什么是 REST……97
6.2　将遗留系统迁移至云端面临的挑战……100
6.3　总结……102
第 7 章　云中审计……103
7.1　数据和云安全……104
7.2　审计云应用……105
7.3　云中的法规……108
7.4　审计的设计策略……112
7.5　总结……114
第 8 章　云的数据考虑……116
8.1　数据特性……116
8.2　多租户或单租户……123
8.3　选择数据存储类型……127
8.4　总结……131
第 9 章　云中的安全设计……133
9.1　云中数据的真相……134
9.2　安全的程度……136
9.3　每种云服务模式下的责任……140
9.4　安全策略……146
9.5　焦点领域……149
9.6　总结……160
第 10 章　创建集中化的日志策略……161
10.1　日志文件使用……162
10.2　日志记录要求……163
10.3　总结……169

第 11 章　SLA 管理……170
11.1　影响 SLA 的因素……171
11.2　界定 SLA……175
11.3　管理供应商 SLA……177
11.4　总结……181

第 12 章　监控策略……183
12.1　积极主动的监控 vs 消极被动的监控……183
12.2　需要监控的内容有哪些……184
12.3　分类别的监控策略……187
12.4　按云服务等级进行监控……194
12.5　总结……197

第 13 章　灾难恢复计划……198
13.1　什么是故障时间成本……199
13.2　IaaS 的灾难恢复策略……201
13.3　主要数据中心的灾难恢复……203
13.4　PaaS 的灾难恢复策略……209
13.5　SaaS 的灾难恢复策略……211
13.6　混合云的灾难恢复……212
13.7　总结……214

第 14 章　使用 DevOps 文化来更快、更可靠地交付软件……216
14.1　发展 DevOps 心态……217
14.2　自动化基础设施……219
14.3　自动化部署……221
14.4　设计功能标记……222
14.5　测量、监控和试验……222
14.6　持续集成和持续交付……223
14.7　总结……226

**第 15 章 评估云模式对组织的影响**……227

15.1 企业模式 vs 弹性云模式……229

15.2 IT 影响……230

15.3 商业影响……232

15.4 组织变革规划……236

15.5 真实世界的变革……239

15.6 总结……240

**第 16 章 最后的思考**……241

16.1 云在快速进化……242

16.2 云文化……244

16.3 新的商业模式……245

16.4 PaaS 是游戏规则改变者……247

16.5 总结……250

# 第1章　为什么是云计算，为什么是现在

以前，每家每户，每个农场、村庄、城镇都有自己的水井，但现在有了公用设施，人们只需拧开水龙头就有净水可用；云计算的工作方式与此类似。我们可以随意开关厨房里的水龙头，也可以根据需要来运行或停止云计算服务。当然，无论是自来水公司还是云计算公司，都会有专职的技术团队来确保所提供的服务安全、可靠且24小时不间断可用。很明显，关闭水龙头的意义不仅仅是节水，还在于我们可以按需按用付费，不再花冤枉钱。

——美国前联邦首席信息官（CIO）维维克·昆德拉

2009年，我以博主和分析师的嘉宾身份受邀参加了IBM在拉斯维加斯举办的影响力大会。当时云计算这个词还远没有被接受，除了少数成熟的SaaS解决方案——如Salesforce.com和Concur的费用管理软件——之外，

极少有公司会使用什么云服务。我亲眼见到一些非常聪明的、资深的 IT 人员对云计算这个词大加嘲弄，其中有些话我现在还不时听到："我们在上世纪 60 年代时就已经在大型机上做这个了""没什么新东西，不过又是一个新噱头罢了"，等等。当时我的开发团队不大，只有一个人，但是要在一台虚拟的云服务器上进行原型测试，即在云上处理几十万个并发的销售网点交易，然后在亚秒级的响应时间内获得结果。鉴于这台虚拟服务器每小时只花费我这个 CEO 50 美分，我不禁开始考虑这样一个问题：如果购买基础设施、许可协议和专业服务来完成本地的 PoC（Proof-of-Concept）验证测试，大概需要投入多少费用？如果再考虑时间，走完供应商评估、采购流程以及种种从 IBM 这种大型供应商处购买服务器所需的资本支出要求的规范步骤，又需要多久？当然，在几个月后，我最终会获得所有的硬件、软件、许可协议以及专业服务，开发人员能以此进行 PoC 测试。但我的创业公司这时可能已经花光了所有现金，换到手的只有一些免费午餐和一件漂亮的印有供应商标牌的高尔夫球衣。

既然无法像有钱、任性的大公司那样大买特买，我的团队就选择云，并将之视为一种竞争优势。同时，我们意识到虽然竞争对手有 2 ~ 3 年的市场先入优势，但是我们能够以一个非常具有竞争力的价格提供优秀的产品和服务，而这是那些购买、管理基础设施和数据中心的公司无法做到的。如我的开发人员能够创建多个不同规模的服务器，对每个配置进行测试直至找到最好的方案；我们的云服务提供商——亚马逊云服务（AWS）将各种复杂操作抽象成了一些简单的应用程序接口（API），使基础设施的管理变得相当容易，使得我们能够在数分钟内完成大量服务器配置的构建和部署，然后在使用之后进行注销。很明显，这跟过去有着天壤之别。要知道在云计算出现之前，要求老板购买 3 种不同类型和规格的服务器来进行一系列的测试和理论验证，然后确定选出最优方案，这种想法不仅不靠谱，还可能让老板怀疑你的专业能力。虽然在物理机方面，先购买多种不同的硬件配置，然后在测试之后舍弃表现不佳的机器，大量采购合适配置是一个疯狂的方法，但在云里这却意味着最佳方案。云计算资源采取了类似水电的按需付费的定价模式，我们可以很方便地在一个原型环境中以极小的投入来完成多个配置的测试工作。

回到我的例子中来，使用一个简单的管理平台，我们可以在 5 分钟内启动多个随时可以运行的虚拟计算资源，运行两个小时的测试，然后把这些虚拟计算资源丢弃，而成本只有每小时 50 美分或 1 美元。然后我们再转向下一个服务器配置，尝试其他系列的测试。一天内我们可能会做 3 次这样的测试，然后在基础设施方面的成本累计为 3 美元。下面就是在云和本地进行原型测试的对比。

- **方案 A（本地软件）**：选购 3 台不同的服务器，加上软件、配送和安装，每台粗略计算为 3000 ~ 5000 美元。
  - 采购和实施花费大概 1 ~ 3 个月的时间。
  - 结果：决定保留哪一种服务器，进行大量购买，然后舍弃另外两种。
- **方案 B（云模式）**：开发人员在数分钟内创建 3 种不同的虚拟计算资源，价格为每小时 50 美分，每种都分别单独使用两个小时（总计 3 美元）。
  - 一天内完成测试并做出决定。

- 结果：在一个工作日内，以仅仅 3 美元外加一个人工的费用，完成整个方案。没有任何资产浪费。

这只不过是一个使我变成云计算信徒的真实事例。作为早期创业者，在公司发展的过程中，我不断感受到以如此之低的成本完成工作所带来的惊喜。没有硬件设施，借助开源软件，不必管理数据中心和物理基础设施，我们从而能够专注于构建产品来创造收入，我们的小企业也能够生存下来。

## 1.1 云计算的进化

1988年大学毕业后，我的第一份工作是在南部的一家钢铁厂当COBOL程序员。我们当时正在从一台老旧的 Burroughs 大型计算机转向一台新的IBM 3090 大型机，差不多就像现在说的手机从功能机转向智能机一样。我工作用的第一个程序的代码是在我出生前的那年敲下的，已经经历过一次从一个主机系统到另一个主机系统的移植，按年龄算当时大概是 23 岁。由于 20 世纪 60 年代主机内存的限制，在代码写完之后，还要有许多系统工作把消息分解成许多极小的内存块；而 1988 年，我们当时面对的 IBM 巨大主机似乎有无尽内存，但代码不大支持把消息分解到 8KB 的块；作为一个新手，虽然我觉得有些荒唐，但还是一边摇头一边把老旧的代码移植到新系统上去。实在没想到的是，25 年后，还有非常多的人完全忽略了与遗留代码的运行环境相比，新目标环境有多么迥然不同和远高于传统代码运行环境的效率，在将传统应用移植到云端时仍然采用了那种直接搬移的老方法。我们将在第 3 章深入探讨这个话题。

云计算是自第一代计算机起多年演进的结果。它是从中央主机时代，向个人计算机诞生带来的分布式主从架构时代，以及企业能够通过覆盖全球的计算机网络联系世界的互联网时代的自然发展。在主机时代，系统被集中控制和管理，主机管理员是所有数据和所有系统的最有权力的控制人。但由于凡事都要经过他们的批准才可进行，所以他们往往也是最大的瓶颈。PC（个人计算机）诞生之后，IT 专业人员得到赋权，无须通过曾经强势的主机控制人的批准便可以将工作量分配给多个工作节点执行。这样的发展很明显利弊参半，好的一面是系统的构建和部署更快、更廉价，功能也更多；不好的一面是在获得敏捷和弹性的同时，我们也看到了管理效率和安全性的巨大衰退。

换句话说，为了能更快地面向市场，我们放弃了可管理性和标准化。在主从架构体系中，个人计算机的分散属性造成了一种“狂野西部”的效果，即在缺乏适当的安全和管控保证的情况下，各种应用程序仍然能够得以快速部署。最终结果就是应用程序的非标准化状况日益明显，安全漏洞越来越多，安全缺口、身份盗用以及网络威胁等问题以前所未有的程度出现。

除此之外，企业管理也成了一项极为复杂和昂贵的工作。实际上，人们有理由认为主从架构时代的诞生也是业务和信息技术同时变糟的开始。在大型主机时代，计算机和信息技术的唯一用途就是为了达成商业策略而为业务建造各种系统，如财务系统、工资管理系统，还有驱动业务核心竞争力和自动化运营流程的系统。PC 时代带来的主从架构时代使人们利用信息技术创建系统的速度更快、成本更低，但也带来了诸如集成、互操作性、补丁不断等新问题。这些复杂的问题带来了大量以 IT 为中心的工作，大量 IT 资源从业务实现转向了 IT 运维。同时，大量基础设施专家、安全专家和运营专家开始出现，在各个独立的 IT 系统中耗费大量时间钻研那些并不带来收益或提高盈利能力的问题和项目。但你我都知道，大多数耗费于这种工作的资源其实本可直接用于提高收益或减少浪费，这无形中提高了业务的机会成本。

然后，互联网时代延伸了企业与外界的联系。现在，公司与供应商的系统能集成在一起；消费者们能随时上网购买产品和服务；软件供应商能以托管的方式提交服务，而客户则无须再采购和管理硬件。互联网带来了一场任何公司、任何个人只要联网便能随时随地开展业务的全球革命。

随之而来的是，系统的复杂程度再次急剧增加，控制和管理水平明显降低。应用程序变得更不安全，意图不轨的人或组织有了更多机会来攻击系统、偷盗和销售数据，相应地也催生了一个保护系统安全的全新产业。我记得，当人们把互联网吹捧为巨大的技术革新时，有些权威人士举起了安全的大旗来表达他们的反对意见。当我们今天面对云计算的普及时，同样的事情又在发生。还是那些人，或许又多了一些同伴，以安全的理由来抵制下一个技术大事件的到来。

历史总是在一遍又一遍地告诉我们，每一次新的技术革新都会伴随着阻力。早期的试用者和风险承担者会欢迎新技术的到来，为那些通常观望等待技术成熟的公司充当着小白鼠的角色。随着开拓者们利用这些新技术创造巨大商业价值的故事越来越多，需求就会开始上升。需求上升，类似标准问题和安全问题的话题就会凸显出来，成为大规模使用的主要障碍。

然后标准会慢慢确立，最佳实践得以宣传，供应商和开源产品会越来越多以满足市场的需要。云计算就像数年前的互联网一样，正处在多数组织机构从“为什么要用”转向“如何使用”的临界点上。

图 1.1 使用了高德纳咨询公司的技术成熟度曲线来描述技术是如何随着时间推移而成熟的。

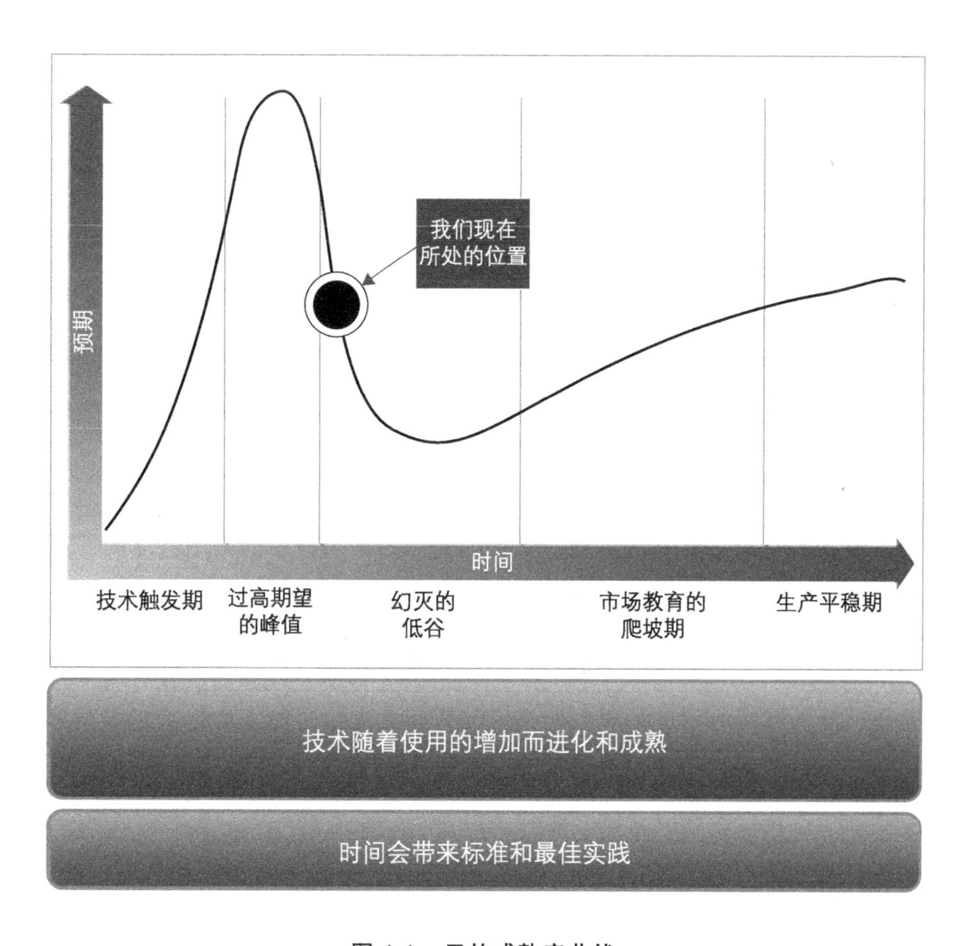


图 1.1　云的成熟度曲线

随着时间的推移和越来越多的公司采用云技术，在最初几年，人们的预期会从大肆炒作向怀疑转变，然后当标准、最佳实践和成功案例出现时，又会转向更为广泛的接受。至于我们当前的位置，应该是处在“过高期望的峰值”和“幻灭的低谷”中间的某个地方。在本书写作过程中的 2013 年年初，云计算在初创企业和中小型企业（SMB）中被广为接受，但是大型企业的步伐仍显迟缓——多年遗留下来的系统架构、现有的基础设施和数据中心以及组织机制的挑战，诸如此类的问题增加了大企业采用云计算的复杂性。

然而在 2013 年，随着多数云服务提供商开始在商用级云之外交付企业级云产品和服务，大型企业的心态也在快速发生变化。商用云的设计初衷是将基础设施商品化，并以较低的成本对外提供，使用户能够获得高扩展性和自服务能力。企业级云的目的，则是达到或超过它所要替代的本地基础设施的安全和服务等级协议（SLA）。对比而言，企业云的价格和复杂性要高得多，但商用云通常不能满足企业所要求的安全标准和 SLA 需求。

图 1.2 显示了安全成熟度通常是如何滞后于新技术的采用进度的，当然这也延缓了大型企业大规模采用新技术的步伐。可以说，早期的探索者和风险承担者为人们开辟了道路，他们的经验教训将最终促使最佳实践和安全厂商的解决方案的涌现。鉴于云计算相关大会里的人群越来越多，分配到云计算方面的预算也出现了大幅提升，我们似乎可以把 2013 年看作企业开始大规模拥抱云计算的一年。

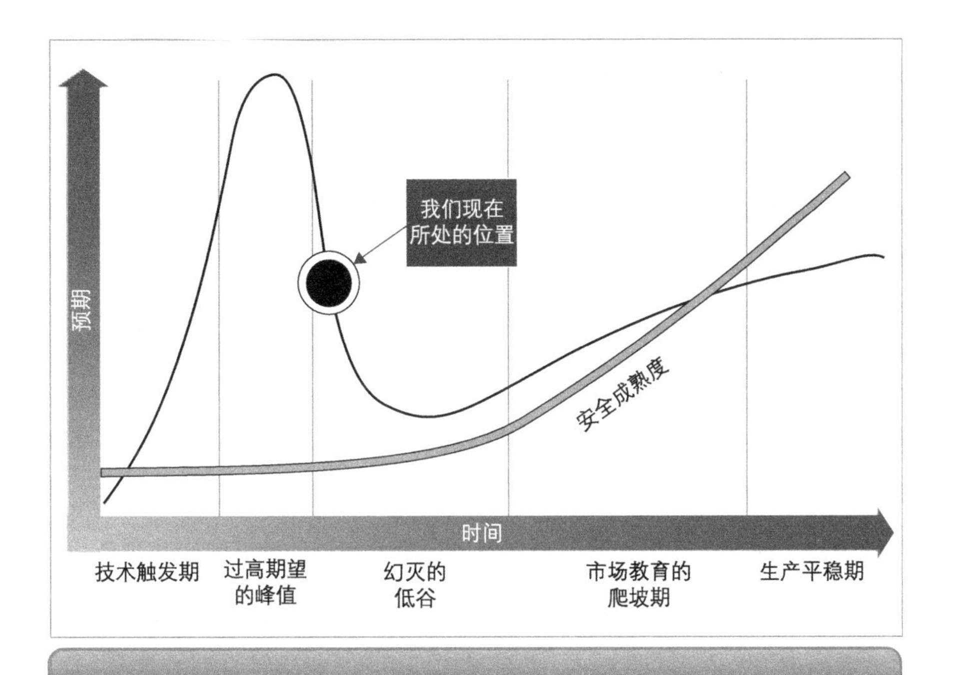


图 1.2　云安全的成熟度曲线

## 1.2　进入云

云计算兼具主机时代、个人计算机带来的主从架构时代和互联网时代的各种优点。我之前提到的大会上的老前辈们说得不错："我们很多年前就做过这个了。"但他们忘记的是，我们现在无须购买任何硬件或建造任何数据中心，就可以用一种按需支付的模式，以前所未有的速度实现大规模运算。如果管理适当，云计算能使我们重新拥有大多数主机时代才有的集中控制和管理能力。同时，云还使我们能以高速的宽带网络接入来访问大量的分布式计算资源，并将其封装量化成水、电一样的公用事业产品，供我们选择购买。我们可以随买随用，不用时将其关停即可。

云计算的许多概念确实在很早以前便已经存在。但云计算的创新之处在于，经过数十年的完善发展，我们现在可以将计算机科学领域那些旧有的经验和技术进行简单化和自动化处理，高度抽象成各种按需供应的服务，以传统的本地部署软件或商业软件产业难以竞争的价格对外提供。可以说，要求客户购买、管理硬件和软件许可的时代已经一去不复返了。大多数消费者现在都希望能通过网络，以一种按需供应的软件解决方案（SaaS，软件即服务），或者以一个无须任何基础设施成本便可快速开发可扩展解决方案的平台（PaaS，平台即服务），抑或以一种可基于较低成本构建可扩展解决方案的虚拟数据中心（IaaS，基础设施即服务）来满足自身的需求。这 3 种云服务模式的具体内容，我们将在第 2 章进一步讨论。

所以，当有人跟我说云计算没什么新东西，这个概念早在数年前已经有人实践过了之类的话时，我总会回以这样的比喻："iPhone 也没什么新意。电话在很多年前早就存在了。" 我的意思是，没错，我们已经用了几十年的电话了，但是 iPhone 与我小时候用过的那种转盘式电话有根本上的区别，它对整个商业和我们的生活都产生了极大的影响。云之于计算，正如 iPhone 之于电话。

还不信？那看看下面这些借助云计算来创造商业价值的案例吧。每一个案例都很有趣，看看这些优秀的团队是如何不购买硬件设备而借助云来快速切入市场，并快速实现惊人扩张的吧。

## 1.3　初创企业案例研究：Instagram，一夜之间，从 0 到 10 亿美元

2010 年 10 月，一款名为 Instagram 的照片分享应用发布，第一天有 25 000 人注册使用。3 个月后，Instagram 有了 100 万名用户，然后这个数字很快达到 1000 万。当时，这个公司只提供了一个 iOS 版本的移动应用，所以其用户也仅限于 iPhone 使用者。一年半以后，Instagram 有了将近 3000 万名用户。在 Android 版本发布之后，该应用第一天就增长了 100 万名用户。2012 年 4 月 1 日，在距离其最初发布不到 2 年的时间里，Instagram 被 Facebook 收购，金额估计达到 10 亿美元。2012 年 9 月，在距离其最早发布应用即将 2 周年时，Instagram 的用户数突破 1 亿。

喔！3 个人仅凭一笔启动资金就能完全依靠公有云搭建一套解决方案。想一下，想要通过具体的数据中心来支撑如此快速的增长会是一种什么情况。如果是实打实的数据中心，那他们购买硬件的速度将永远跟不上用户数量飙涨的速度。换句话说，如果不是云和它所具有的按需使用、自动扩展的特性，这家公司或许不可能获得如此巨大的成功，资源耗尽而带来的故障会大大拖累他们发展的脚步。

Instagram 的示例展示了按需使用计算资源的威力。天才的工程师们在极短的时间内构建出强大且具有高扩展性的架构，但无须管理数据中心和网络，也无须采购、安装或管理硬件，只要专注于应用架构和用户体验这两项擅长的事情即可。对于初创企业而言，云的好处显而易见。而对于那些已有数据中心的企业来说，可能正面临着更加复杂的挑战，正如下一个

案例所示。

## 1.4 成熟公司案例研究：Netflix，从本地向云端迁移

Netflix是互联网流媒体视频内容行业的领导品牌。2009年，所有的客户流量还都运行在Netflix自己的数据中心之上；然而到2010年年底，这些流量中的大部分已经运行在亚马逊的公有云解决方案AWS上了。Netflix在2013年的目标是将包括运营服务在内至少95%的所有服务(而不仅仅是客户流量）都运行在云中。在官方博客中，Netflix解释了它要向云端迁移的原因：巨大的流入量迫使Netflix对其系统架构进行重新设计；它决定将精力专注于构建和提高业务应用（Netflix的核心竞争力）上，然后让亚马逊来负责基础设施（亚马逊的核心竞争力）的问题。Netflix提到的另一个原因是对网站流量进行预测非常困难。如果公司构建本地解决方案的话，就必须购买额外的能力来应对峰值需求；而当流量不可预知时这就变成了一项巨大的考验。当然，公司可以借助公有云按需供应的资源，然后专注于构建自动扩展的能力来确保自己能够按照流入量的增长情况来消费计算资源，Netflix认为这样对自己的业务发展有利。Netflix在2010年12月14日的技术博客写道：

> 云环境很适合水平扩展架构。我们不需要在几个月之前就预估自己的硬件、存储和网络需求可能会发展到何种地步。如果需要，我们可以通过编程的方式在极短的时间内从AWS的共享池中获得更多的资源。

Netflix 还把使用云计算看作一种竞争优势。凭借这种优势，公司能够在控制成本和减少服务中断风险的同时，将服务能力扩展至难以置信的程度[①]。Netflix 同时还认为云计算是未来的发展方向，使用云服务会吸引到那些最优秀的人才：

> 这将有助于在云服务提供商中间促进一种竞争环境，从而有助于保持创新的涌现和价格的下降。我们选择在这个过渡期试水云计算，而不是在一个我们预期将会衰退的模式上加大投入，这样可以在公司增长时更好地利用自己的投资。我们认为这将使 Netflix 有别于一般的公司，能更吸引人才加入，帮助我们扩大自己的业务。

现在，我们已经讨论了初创企业和成熟企业应用云的成功故事。下面让我们看看政府是如何利用云来工作的。

## 1.5　政府案例研究：NOAA、电子邮件，以及云端协作

美国国家海洋和大气局（NOAA）在 2012 年选择了谷歌的 Gmail 这个基于云的邮件解决方案。NOAA 作为联邦政府机构，雇员超过 25 000 人，主要工作是分析和预测气候、天气、海洋和海岸的变化情况。因此，其雇员的工作环境多种多样，既有空中、陆地，也有海上。由于工作性质的原因，NOAA 的工作人员对联网设备相当依赖，当然也少不了与团队成员和其他机构的协同工作。为了保证电子邮件的效率和协同工作的能力，NOAA

① 截至 2012 年 11 月，Netflix 贡献了整个北美地区 29%的互联网流量。——译者注

选择了基于云的解决方案，提供包括电子邮件、即时消息、视频会议、共享日历和共享文档在内的各种服务。迁移至这些云服务节省了 NOAA 一半的成本，也使 NOAA 不再操心高度分布式环境下大量机器的软、硬件升级管理问题。NOAA 的管理人员声称，相比过去的本地解决方案，基于云的电子邮件和协作工具速度更快也更容易部署，而且这些服务的内容也更贴合现代的使用需求。将电子邮件和协作服务迁至云端，可以在更省心省力的情况下，以近半的价格享受到更好的整体服务，这无疑为 NOAA 创造了巨大的商业价值。

在讨论过私营企业和公共部门的成功案例之后，下面让我们看一个有关总统竞选的故事，看看短期之内如何构建一个价值 10 亿美元的电子商务网站。

## 1.6 非营利案例研究：奥巴马竞选运动，在线 6 个月，峰值仅几天

奥巴马竞选的技术团队面临的需求极为少见。他们必须在很短的时间内搭建一整套应用，其中包括一个电子商务筹款平台；平台可以管理超过 10 亿美元，但只会运行 6 个月的时间，在应对最后几天将会出现的巨大流量峰值之后，就会将所有数据进行备份，然后关停。该技术团队极大地依赖了云计算解决方案，并且使用了各种类型的云服务（SaaS、PaaS 和 IaaS）。在说明为什么会如此决策时，团队给出了诸如低成本、快速推向市场、按需供应的资源，以及可扩展性等理由。在大选日当天，电话呼叫应用的能力一再提升，支撑了 7000 人的并发用户峰值。团队在网页托管和 Web 服

务上面花了大概 150 万美元，但令人吃惊的是其中超过 100 万美元都花在一家管理社交媒体和数字广告的本地托管公司上，而其余 200 多个应用都运行在花费不到 50 万美元的云基础设施和服务上。

## 1.7　总结

作为几十年的计算机信息处理技术演进发展的产物，云计算现在已经是自个人计算机诞生和互联网的广泛使用后最大的技术转变。当然，云计算现在还处在发展初期，主要的使用者都是一些初创企业、小型企业，以及具有冒险精神的成熟企业。但自 2013 年起，我们看到云计算已经开始变得越来越受欢迎，企业在云计算方案的预算也在快速增长。正如所有的新技术一样，云计算目前还缺乏标准和最佳实践案例。云供应商偶然会出现服务中断的情况，但随着产品和服务的成熟，云的整体性能仍在不断提高中。类似 Netflix 和 Instagram 这样原本难以置信的成功故事每年都在出现，而且越来越多。企业正在将资金从商业软件许可协议和硬件投资中转向各种云服务。选择适当的云解决方案来解决适当的商业问题将成为更多企业的成功秘密。对企业而言，要想在“云”中做出正确的投资决定，就必须理解 3 种云服务模式——SaaS、PaaS 和 IaaS。

# 第 2 章　云服务模式

这就是我们的客户一直想要的，能帮他们摆脱大型机和主从结构软件束缚，更进一步的东西。

——Salesforce.com 首席执行官马尔科 · 贝尼奥夫

对基于云的解决方案而言，事先确定合适的服务模式至关重要。我们只有完全理解了每种服务模式的含义以及在每种服务模式下云服务提供商和云服务消费者各自应该承担什么样的责任，才能做出正确的选择或组合。

## 2.1　基础设施即服务（IaaS）

通常我们会说到 3 种云服务模式：软件即服务（SaaS）、平台即服务（PaaS），以及基础设施即服务（IaaS）。每种云服务模式都通过某种程度上的资源抽象，来减低消费者构建和部署系统的复杂性。在传统的本地数据中心里，IT 团队必须负责所有的搭建和管理事项。无论是从零开发专有项目还是购买商业软件产品，IT 团队都必须安装和管理服务器，部署和调试软件，确保使用了适当的安全等级，然后按部就班地（对操作系统、固件、应用程序、数据库等）打上补丁，等等。相比之下，每种云服务模式都对这些任务提供了不同程度的抽象自动化，从而使云服务的消费者具有更多的灵活性，减少在基础设施管理上所花费的时间，专注于自身的业务问题。

图 2.1 展示了所谓云堆栈（cloud stack）的概念。最底层是传统的数据中心，虽然可能应用了一些虚拟化的技术，但并不具备任何云计算的特征[①]。

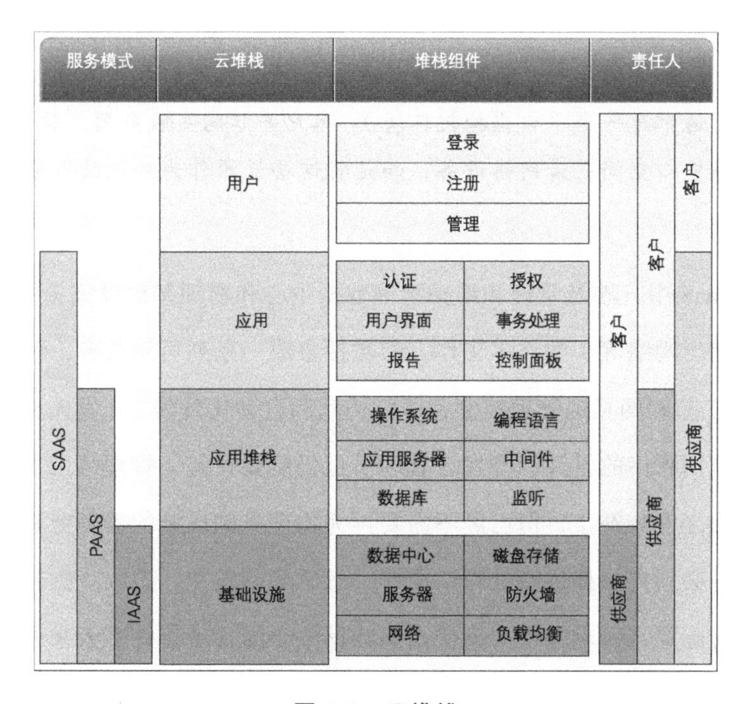


图 2.1　云堆栈

① 云计算的 5 个特征是网络接入、弹性、资源池化、可计量的服务，以及按需自服务。——译者注

往上一层是IaaS。美国国家标准与技术研究院（NIST）对IaaS的定义如下：

> 消费者能够获得处理能力、存储、网络和其他基础计算资源，从而可以在其上部署和运行包括操作系统和应用在内的任意软件。消费者不对云基础设施进行管理或控制，但可以控制操作系统、存储、所部署的应用，或者对网络组件（如防火墙）的选择有部分控制权。

专注于云安全的标准化组织云安全联盟（CSA）给出的IaaS定义如下：

> 以服务的方式交付连同原始存储和网络在内的计算机基础设施（通常是一个平台虚拟化环境）。客户并非购买服务器、软件、数据中心空间或者网络设备，而是将这些资源作为外包服务整体采购。

在IaaS中，涉及管理和维护物理数据中心和物理基础设施（服务器、磁盘存储、网络等）的许多工作，都被抽象成一系列可用服务，可以通过基于代码或/和网页的管理控制台进行访问和自动化部署。开发人员虽然仍需进行应用程序的设计和开发，管理员也仍然要安装、管理第三方解决方案，并为之安装补丁，但已经不需要再为物理基础设施的管理劳心费力。过去那种必须先从提供商处订购硬件，然后等待发货，签收、拆封、组装并再进行配置，看着这些大家伙占满数据中心的日子对许多人来说也一去不复返了。在IaaS服务中，人们可以根据需要访问虚拟的基础设施，在数分钟内通过调用API或者登录网页端管理控制台完成资源的部署和运行。就像水电这些公用事业服务一样，虚拟的基础设施也是一种可计量服务，只有在开启并使用的时候才会计费，关闭时便不再累计成本。总之，基于

IaaS 所提供的虚拟数据中心的能力，服务消费者就能够把更多精力集中在构建和管理应用程序而非管理数据中心和基础设施上。

市场上有许多企业提供 IaaS 服务，限于篇幅，本书对此不再一一进行列举。不过其中最成熟和使用最广泛的 IaaS 云服务提供商是亚马逊 AWS，其他的业内领先者有 Rackspace 和 GoGrid 等。OpenStack 是一个开源项目，向那些不想被提供商锁定、希望按自己意愿在组织内部构建自己的 IaaS 能力（即私有云）的消费者提供 IaaS 功能。正如有许多不同发行版本的 Linux 一样，也有一些公司基于 OpenStack 提供自己的 IaaS 解决方案。

## 2.2　平台即服务（PaaS）

再往上一层是 PaaS。IaaS 指基础设施层面的服务，PaaS 则相对于应用。PaaS 在 IaaS 的上面一层，将大部分标准化的应用堆栈层的功能抽象出来，将之以服务的形式对外提供。例如，开发者在设计高扩展性系统时通常必须写大量的代码来处理缓存、异步消息传递、数据库扩展等诸如此类的工作；而在许多 PaaS 解决方案中，这些功能都以服务的方式对外提供，开发者无须再在这些功能上重复工作，专注于商业逻辑即可。NIST 给出的 PaaS 定义如下：

> 消费者能够使用提供商所支持的编程语言、库、服务和工具，将自己创建或获取的应用部署到云基础设施上。消费者不会对底层云基础设施进行管理或控制，这包括网络、服务器、操作系统或存储等，但是可控制所部署的应用，并有可能控制配置应用的托管环境。

CSA 认为 PaaS 是：

> 以服务的方式交付计算平台和解决方案包。PaaS 服务消除了购买、管理底层硬件和软件，以及部署这些主机所带来的成本与复杂度，使应用的部署变得更容易。

CSA 同时也提到 PaaS 服务完全通过互联网提供。PaaS 服务提供商管理应用平台，向开发者提供一套工具来加快开发流程；而开发者在使用 PaaS 服务时，由于受到这些工具和软件包的约束，在某种程度上要放弃一些灵活性。另外，在一些较底层软件的控制上，如内存分配或者堆栈配置方面（例如：线程数、缓存容量、补丁级别等），开发者也几乎没有控制权限。

PaaS 提供商掌控了上述的一切，有时甚至会对一位服务消费者能够使用多少计算能力进行限制，来确保对每个人来说平台都有同等的扩展能力。第 5 章会对这些服务模式的特征有更深入的探究。早期的 PaaS 提供商如 Force.com、Google Apps Engine 和微软 Azure 都会向开发者指定平台堆栈和底层基础设施。Force.com 要求开发者以 Apex 语言进行开发，底层的基础设施也必须运行在 Force.com 的数据中心之上。Google Apps Engine 最初要求开发者以 Python 进行编程，运行在 Google 的数据中心上；而 Azure 最初要求.NET 技术和微软的数据中心。而后，新型的 PaaS 提供商开始出现并提供一种开放的 PaaS 环境，消费者可以在自己选择的基础设施之上，选择包括 PHP、Ruby、Python、Node.js 等在内的多种开发包来实施 PaaS 平台。显然，在许多企业要求或者选择将部分或所有的本地应用保留在私有云里的情况下，这种方式对企业能否大规模采用 PaaS 起到了关键的作用。一般情况下，大企业会选择混合云服务，把数据保存在私有云里，然后把不重要的组件迁移至公有云[1]中。现在 Google 和微软也改变了过去只支持一种开发语言的做法，开始支持多种语言。

Heroku 和 Engine Yard 是成熟的公有 PaaS 解决方案厂商中，向开发者提供多堆栈的典型代表（尽管在本书撰写时他们的方案还只能部署在 AWS 之上）。PaaS 的另一个巨大优势就是，这些平台可以与大量第三方软件解决方案进行整合，也就是我们常说的插件（plugin）、附加组件（add-on）或扩展（extension）。以下是一些扩展类别的示例，你可以在大多数成熟的 PaaS 解决方案中找到这些内容：

- 数据库（Database）
- 日志（Logging）
- 监控（Monitoring）
- 安全（Security）
- 缓存（Caching）
- 搜索（Search）
- 电子邮件（E-mail）

---

① 私有云指的是部署在服务消费者自己的数据中心或托管商的数据中心里，而不是在一个与其他消费者共享的网络上的 IaaS 或 PaaS。公有云指的是在一个与其他消费者共享的环境下，运行在另一个公司的数据中心的 IaaS 或 PaaS。Gartner 当时预测 PaaS 在 2013 年的收入会接近 15 亿美元，相比 2011 年的 9 亿美元有较大提升。——译者注

- 分析（Analytics）
- 支付（Payments）

开发人员可以通过使用 API 接入大量第三方解决方案，提供类似故障转移、高服务等级协议（SLA）等服务，并从快速市场化及无须管理和维护这些 API 背后的技术所带来的成本效率中大大获益。PaaS 的威力正是体现于此——只是通过简单的 API 调用，开发者就可以快速集成许多成熟和可靠的第三方解决方案，却不必经历一系列的采购及安装实施流程。PaaS 使公司可以专注于自身的核心竞争力，其他部分选择与市场上最好的工具进行集成即可。在 3 种云服务模式中，PaaS 是相对最不成熟的一种，但是根据分析师的预测，在接下来的几年中 PaaS 市场会有一次大的发展。

## 2.3 软件即服务（SaaS）

堆栈的最上层是 SaaS。SaaS 是一种以服务形式向消费者交付的完整应用。服务消费者要做的只是对一些具体的应用参数进行配置和对用户进行管理。服务提供商则负责处理所有的基础设施问题，所有的应用逻辑、部署，以及所有与交付产品或服务相关的事宜。较常见的 SaaS 应用包括客户关系管理（CRM）、企业资源计划（ERP）、工资单、会计及其他常见的业务软件等。也就是说，SaaS 解决方案在一些非核心竞争力的功能上非常常见。各公司选择在非核心功能上使用 SaaS 解决方案来省去对应用程序基础设施的购买、维护和专职管理人员的聘用——只需要支付一定的订阅费，就可以方便地通过互联网像访问网页服务一样来使用相应的服务。NIST 对 SaaS 的定义如下：

> 消费者能够使用提供商运行在云基础设施上的应用，并可通过类似 Web 浏览器（如基于 Web 的电子邮件）等瘦客户端界面，在各种客户端设备上访问这些应用。除了一些有限的特定于用户的应用配置的设置之外，消费者不会直接对底层云基础设施进行管理或控制，这包括网络、服务器、操作系统、存储，甚至单个应用的功能。

## 2.4　部署模式

虽然本书侧重于云服务模式的介绍，但理解云计算的部署模式也同样重要。图 2.2 显示了 NIST 给出的云计算的可视化模型。

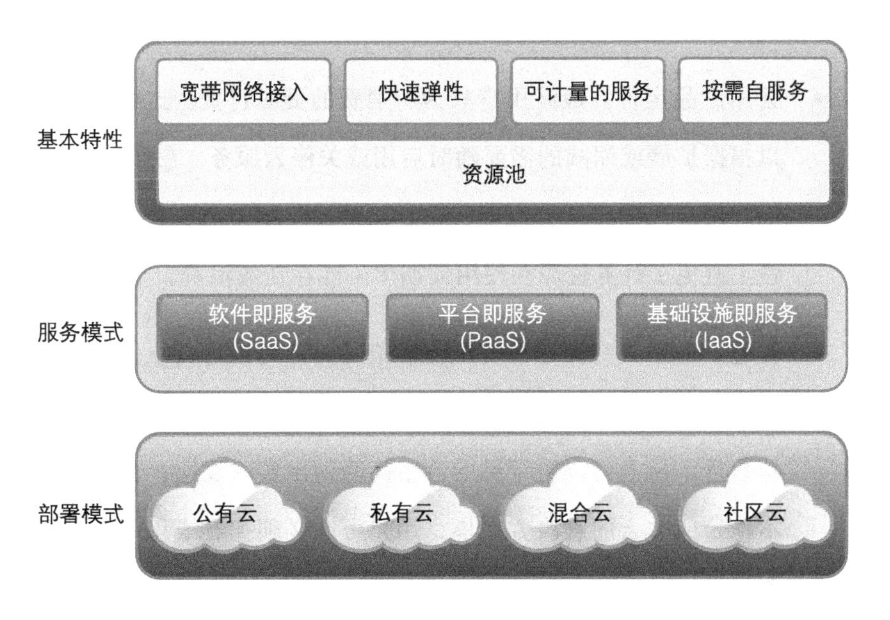


图 2.2　NIST 的云计算定义

NIST的公有云定义如下：

> 云基础设施提供给大众公开使用。拥有、管理或运营这些设施的可能是商业、学术或政府机构，抑或其组合。另外，这些基础设施都存放在云提供商处。

所谓公有云指的是这样一种多租户环境，即最终用户与其他消费者一起，在一个共享的商业资源网络上为自己所使用的资源付费。最终用户可以选择数据中心所在的位置，但不知道自己的软件具体运行在哪台物理机上。物理硬件之上是一个抽象层，以API的形式展现给最终用户，由用户用来创建运行在多人共享的大型资源池里的虚拟计算资源。公有云的好处如下：

- **公用产品定价**。最终用户只为所消费的资源付费。这样，用户可以根据扩展或缩减的需要随时启用或关停云服务。在这种模式里，最终用户无须再采购物理硬件，只是随时按需消费，在很大可能性上避免了计算资源在使用周期中可能存在的浪费。
- **弹性**。似乎无穷无尽的资源池使最终用户可以对其软件解决方案进行设置，来动态提升或降低其在处理峰值负载时所需的计算资源数量。从而可以对罕见的流量高峰做出实时反应；而在私有的本地云或非云的解决方案里，用户可能必须拥有或租借所必需的资源来应对峰值。
- **核心竞争力**。在公有云服务中，最终用户在本质上是将其数据中心和基础设施管理外包给了那些核心竞争力是管理基础设施的公司。结果是最终用户可以大大降低在管理基础设施上的时间，更专注于自身的核心竞争力。

公有云自然也是有利有弊。下面我们说说采用公有云可能存在的一些风险。

- **控制**。最终用户只能依赖公有云提供商正常履行他们在性能和正常运行时间方面的服务等级协议（SLA）。如果公有云提供商的服务中断，而最终用户又没有适当冗余灾备措施，除了耐心等待云提供商恢复服务，别无他法。
- **监管问题**。类似 PCI DSS（Payment Card Industry Data Security Standard，支付卡行业数据安全标准）和 HIPAA（Health Information Portability and Accountability Act，健康信息流通与责任法案）的监管条例以及数据隐私问题，都会对公有云部署提出挑战。尽管我们开始看到，一些公司尝试完全使用公有云来应对这些监管问题，即对那些难以在公有云里进行审查的组件采用得到认证的 SaaS 方案，但通常为了满足类似监管条例的要求，还是需要采用混合云的解决方案。
- **有限的配置**。公有云提供商在满足普通大众的需求方面有一套标准的基础设施配置方案。但有时解决密集计算问题需要用到特定的硬件。鉴于提供商通常不会提供这种特需的基础设施，所以在这种情况下最终用户往往不会选择公有云。

私有云的定义如下：

> 云基础设施提供给由多个消费者（如业务单元）构成的组织专用。拥有、管理或运营这些设施的可能是该组织、第三方，抑或其组合。这些基础设施的存放点可以在本地，也可以不在本地。

私有云的优点在于它解决了前面所说的公有云的一些缺点（控制、监管问题和配置能力）。私有云可以部署在本地或者托管在云服务提供商的数据中心里。无论哪种情况，私有云的最终用户都只是在一个单一租户环境下进行部署，不会与其他用户混用。对于本地私有云的实现而言，由于它们仍然管理着数据中心，并在采购硬件配置方面有着可按自己意愿进行的灵活性，所以消费者在各方面有着完全的自主性。托管的私有云用户仍然依靠他们的云服务提供商来提供基础设施，但是他们的资源并不会与其他消费者共享。这样用户便有了更多的控制力度和安全性；但是相对地，他们的成本也会比在一个多租户的公有云中使用计算资源要高。鉴于部署模式的单一租户性质，私有云降低了有关数据所有权、隐私和安全方面的一些监管风险。

无论如何，私有云牺牲了“快速伸缩性、资源池化以及按需使用的定价模式”这些云计算的核心优势。虽然私有云的确允许最终用户在一个共享的资源上进行扩展或缩减，但与公有云随时可访问的似乎无穷尽的计算资源网络明显不同，私有云中可访问的资源总量取决于内部所购买和管理的基础设施的多少；而必须有人来管理所有的物理基础设施，还要购买、管理额外的计算和存储能力，无疑也提高了成本、降低了敏捷性。另一方面，拥有过剩的能力也不符合云计算的按需付费使用的概念；因为无论是否使用，最终用户都已经为这些基础设施掏过腰包了。

许多机构想出了一个两全其美的办法，即同时使用公有云和私有云，也就是所谓的混合云。混合云的定义如下：

> 单独存在，然而通过标准技术或专利技术连接起来，以使数据和应用具有可移植性的两种或多种不同的云基础设施(私有云、社区云或公有云）的组合（如，多个云服务之间进行负载均衡的云爆发（cloud bursting）部署模式）。

混合云的最佳实践方式是在利用快速伸缩性和资源池这些云计算的优势方面尽可能多地使用公有云，而在数据所有权和隐私这些公有云中风险较高的领域使用私有云。

## AEA 案例研究：选择云服务模型

我们在前言中虚构的公司——顶点拍卖在线（AEA）在云计算概念受到市场热捧之前，搭建了一套完整的本地 IT 基础设施。AEA 的管理层认为，迁移至云端在以下领域能为公司带来竞争优势：

- 快速市场化
- 灵活性
- 可扩展性

- 成本

AEA在物理基础设施上已经投入了大笔费用，所以该公司每次只能将一部分基础设施和某个应用程序域（application domain）迁移至云端。考虑到AEA已有成熟的数据中心，因此它可以选择将一些本地架构（如支付处理）保留在私有云里，而另外的则迁移至公有云中。很明显，在这种情况下选择混合云再适合不过。而如果AEA是个从头创建解决方案的初创企业，那么它很可能选择公有云来解决所有的问题，从而避免为构建或租赁多数据中心筹集费用；对于诸如支付处理这种它认为放在公有云中有风险的应用，可以选择使用得到监管控制（如PCI DSS等）认证的SaaS解决方案。

这个例子是为了说明，任何问题都没有唯一正确的答案。在面对云计算时，企业往往有着多种选择；这也是为什么管理层、架构师、产品经理和开发者必须要理解不同的部署模式和服务模式的原因。我们在第5章会继续以AEA为例对这些决策点进行讨论。

## 2.5 总结

云计算正在改变软件构建和交付的方式。这是一种从购买和管控基础设施以及开发或购买软件的传统模式，向一切均可为服务进行消费的新世界的范式转换，而我们正身处其中。对于经理人和架构师而言，理解云计算的利弊、每种云服务模式的定义以及每种云部署模式的定义至关重要。使用得当，云计算可以为组织带来前所未有的敏捷性，并极大降低使用全球各种服务的成本。但如果对云计算理解不当，组织可能发现自己不过是又建造了另外的一些竖井式的软件解决方案，难以达到为企业服务的预期目的。

# 第 3 章　云计算的错误实践

当生活让你选择时，别犹豫，跟着感觉走就是。

——约吉·贝拉，棒球名人堂成员

为了能实现各种信息来源之间的实时通信，以更好地支持伊拉克和阿富汗的战地行动，美国陆军在基于云的解决方案上投入了 27 亿美元；然而系统最终未能交付，不仅没能对各种行动提供帮助，反而有掣肘之嫌。相关人士的评价更是毫不留情："但凡是个商业软件产品，效果都会比这好得多。"而实际上，如果对应用和服务进行了正确的架构设计来满足业务需求，云计算本可以带来巨大的竞争优势。本章将对公司在使用云时常犯的 9 种错误进行讨论。对于每个常见的错误，在讨论的最后也会给出建议，告诉大家如何避免这些错误。

## 3.1　迁移至云端时避免失败

从过往的经验来看，许多公司在实施新的、变革性技术时都会失败。失败的原因很多：有时只是因为公司没有完全理解或采用新技术；有时是因为它们跳过了必需的架构和设计步骤，直接奔向了部署模式；还有时是因为它们的预期太不切实际，如过于激进的交付日期、过于宏大的目标、错误的适用人群等，不一而足。接下来我们看看多数公司在迁移至云端时可能会失败的主要原因。

## 3.2　（错误一）将应用直接迁移至云端

有关云计算的常见误解是认为将现有的应用程序迁移至云端是降低成本的简易方案，但事实往往并非如此。实际上，只有极少的应用程序适合以其当前的架构移植到云端。传统软件的架构设计就是为了运行在公司的企业防火墙内。如果软件开发是在数年以前完成的，那么软件对其运行所处的物理硬件甚至开发使用的技术堆栈可能有着很高的依赖性。通常我们称之为“紧耦合”架构，因为如果从特定的物理环境中分离出来之后，软件将无法正常运行。而云计算架构要求的是一种“松耦合”的架构。正如在第 2 章中提到的，弹性是云计算的关键组成特性之一。真正具有弹性意味着软件能够按需进行扩展或缩减，而且必须不受运行所处物理环境的限制。

大多数遗留（legacy）架构在进行构建时，从未考虑过系统随交易量上升自动扩展的问题。传统的扩展技术通常只意味着垂直扩展。垂直扩展通过增加现有硬件来完成，也就是说在现有的基础上增加更多的CPU、内存或磁盘空间，抑或以更大或更强的硬件来替换现有的基础设施。垂直扩展也是人们所说的“纵向扩展”（scaling up）。垂直扩展对软件的要求不会太多，通常只限于进行配置更改，保证在基础设施条件类型不变的前提下能够使用新设备。

在这种扩展策略下，架构师在设计软件时通常不会考虑如何脱离基础设施限制的问题。举例来说，如果某个应用基于IBM的iSeries计算机构建，那么通常在开发软件时就会从尽量充分利用专有基础设施性能的角度进行，从而不可避免地出现软件与硬件紧耦合的情况。迁移这样的应用可能就必须进行较多的再造工程，移除软件对iSeries的依赖性，使其在云中能够变得具有弹性。而一个具有弹性的系统，则意味着能够处理不曾预料到的、突然爆发的工作负载。

如果公司将应用迁移至云端并非为了弹性，而是不想再管理和维护基础设施，那么它们最需要的是托管解决方案。托管与云计算不同。托管并不提供云计算的5个特征：宽带网络接入、弹性、可计量的服务、按需自服务，以及资源池化。托管只是在托管服务提供商处租用或购买基础设施和地面空间。迁移至托管设施中，就好比用铲车将应用从A处搬用到B处，而迁移至云中就比这个要复杂得多。

虽然云的伸缩性可以通过垂直扩展来体现，但是大多数情况下还是通过自动化的水平扩展来完成。水平扩展的完成方式是在现有的基础设施之外增加其他共同运行的设备，通常也被称为“横向扩展”（scaling out）。

水平扩展通常涉及系统架构的多个层级。一些常见的水平扩展方法是按照服务器农场类型（见图 3.1）、客户类型（见图 3.2）及应用领域类型等增加节点。我们在第 4 章将会进一步讨论这些设计模式。

在产品层面进行扩展

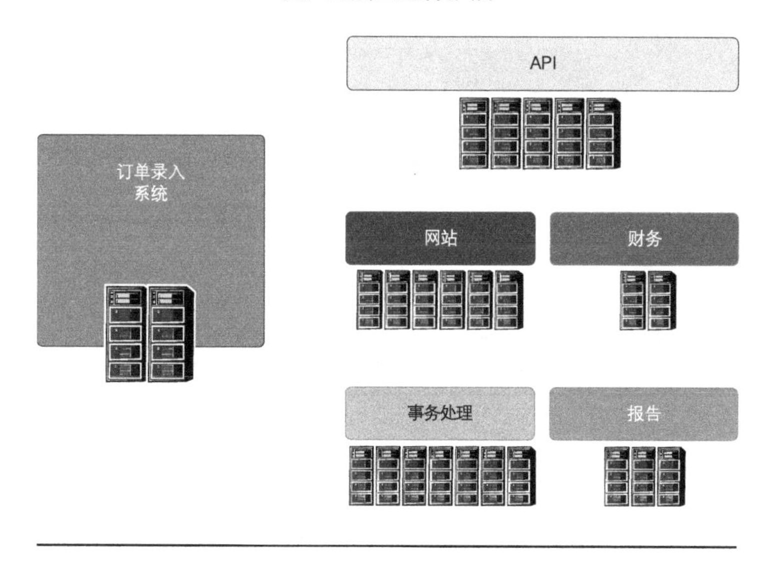


在技术组件层面进行扩展

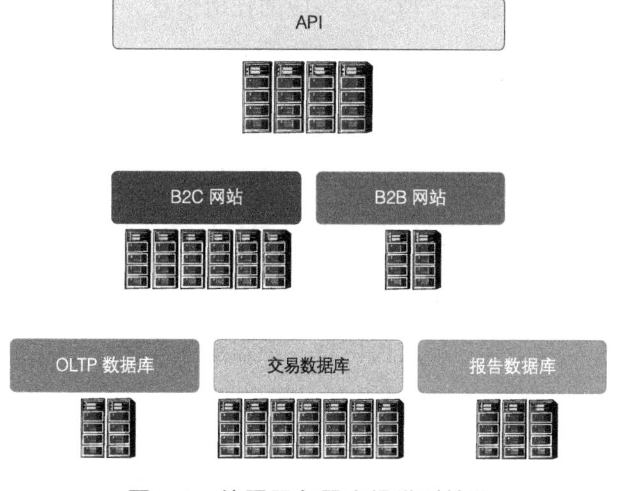


图 3.1　按照服务器农场类型扩展

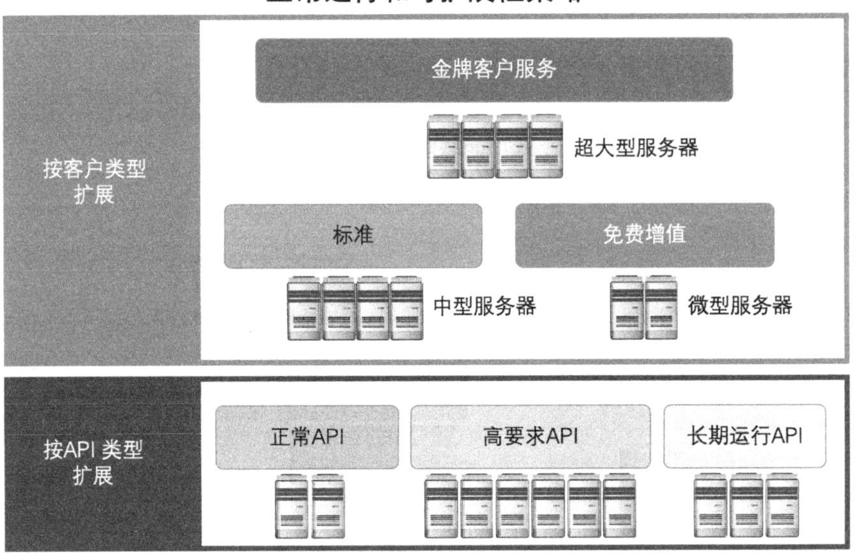


图 3.2　按照客户类型扩展

遗留应用程序面临的另一个挑战是系统的设计是“有状态”（stateful）的还是“无状态”（stateless）的。云服务是无状态的。一个“无状态”的服务是指服务不知道前一个请求或响应的任何信息，只知道服务处理给定请求这一持续期间的信息。无状态的服务在客户端而非服务器端存储应用的状态，因此对基础设施没有依赖性。例如，如果某个贷款业务收到对申请贷款的客户的信用评级进行评估的请求，那么在收到输入的消息（通常是 XML 或 JSON 文档）之前，服务并没有有关该客户信息的任何记录。而一旦完成文档处理、信用分数判定的流程，并且对请求程序做出响应之后，服务也不会存储会话期内的任何信息，不知道有关客户的任何情况。

我们将在第 6 章对应用的状态进行更深入的讨论，来说明为什么无状态架构比有状态架构更适合云。将底层架构从保持状态转变为无状态的工作通常都不太可行，对应用进行整体替换反而更为现实。如果公司想要充分利用云计算的各种优势，那么将遗留的有状态应用迁移至云端可能会收到令人失望的结果。

总之，除非本地应用在进行架构设计时，就是按照可被其他技术和无关基础设施的服务访问的一系列松耦合服务的理念进行的；否则，迁移至云端或者需要进行较多的工程再造工作，或者可能会从云服务中收益寥寥，抑或可能根本就不可行。

**建议：**首先，确定架构师真正理解了无状态和有状态设计模式之间的差异；其次，弄清楚应用程序是否适合迁移至云端，抑或托管、重新编写等才是更好的选择。

## 3.3　（错误二）不切实际的期望

另一个常见的错误是，公司对于云计算方案的实施通常有太高的期望。近年来，我们已经听到了不少令人印象深刻的大大小小的公司通过使用云计算取得成功的故事。比如在 2012 年 4 月 9 日，Facebook CEO 马克 · 扎克伯格（Mark Zuckerberg）在 Facebook 上宣布，他的公司以 10 亿美元收购了提供创新型移动相片分享平台的创业公司 Instagram。而在当时，Instagram 的整体规模不过 13 人，但是却有 100 台服务器运行在亚马逊的云中，为 3000 万名用户提供能力支撑。再往前看，Instagram 在成立的第一年内就经历了从 0 发展至 1400 万用户的爆炸增长，分享平台承载了超过 1.5 亿张照片和数以 TB 计算的流量，但公司的工程师数量只有 3 人。

还有一个从云中受益的明星公司是 Netflix。2012 年年底，Netflix 宣称北美地区几乎 29%的互联网流量都是从其流媒体平台流向消费者的电视、电脑和其他设备的，这一数据超过了 YouTube 甚至整个 HTTP。在奉行冒险精神并从云中获得竞争优势这一创新文化上，Netflix 的团队成了众所周知的明星人物。

但 Instagram 和 Netflix 都只是个例。Instagram 白手起家，一开始就专门针对云进行架构设计。Netflix 做出了将所有资源置于云中的商业决定，招聘和培养了一支卓越的工程师团队，并仍在不断探索云计算发展的各种可能性。在使用云服务方面，无论哪家公司都不能代表一家标准的财富 500 强企业或创立已久的中小型企业。许多组织的企业现状非常复杂，牵涉到从大型机技术到中型计算机、*n* 级架构，以及每一个曾在某个时期流行过的架构模式有关的、数量众多的供应商和专有解决方案。在这种情况下，从零开始或者由 CEO 倡议以全新的基于云的架构对整个产品线的支撑平台进行重新设计，并不符合绝大多数公司的习惯。此外，有许多管理层甚至架构师都深深迷恋于 Netflix 和 Instagram 等公司的成功，期望类似的故事能发生在自己身上。但实际上，即便他们完成了很好的架构设计，这个目标也不大可能达到。对于一个云计算项目而言，对于结果的期望应取决于项目涉及的具体业务，而非其他公司达成了怎样的目标。云计算只是这些公司成功的部分而非全部原因，卓识的眼界、天才的团队以及高效的执行能力才是成功的更主要因素。

有关云计算的最大误解之一，是采用云将会极大降低经营的成本。我们只能说对部分项目而言确实如此，但整体来说却不尽然——毕竟成本不是选择云的唯一原因。即便某个公司在利用云降低成本方面有着成功的商业案例，为了实现成本降低所做的也不只云计算这么多。但不管怎样，公司在进行架构设计时就应当考虑到成本问题。在软件架构能对云服务的使用进行有效优化的情况下，公司无疑可以期望从云中获得成本效益。为此，架构必须对云服务的使用进行监控，并跟踪记录成本的变化情况。

与传统的数据中心不同，云服务是一种可计量的服务，就像家用的水电这些公共事业服务一样，成本以一种即付即用的模式进行计算。在遗留的本地数据中心里，所购买的基础设施就成了沉没成本，在接下来的几年内变成账面上的折旧费用。同时，为了应对将来可能会有的流量突增和业务增长，企业必须进行超量购买以便形成额外的能力储备，大多数情况下还会另外准备用于故障处理的设备冗余。这些费用需要预先支付，但大部分基础设施在绝大多数时间内都处于空闲状态。相反，在一个合理架构的基于云的同类解决方案中，系统将能够按照需要进行弹性伸缩，以著名的"即付即用模式"使成本投入与收入增长相一致。这里的重点在于"合理"。如果架构有缺陷，并且所消费的云服务未能在不需要时适当关停，那么使用云可能就会变成一个代价高昂的坏提议；另外，如果软件架构不支持足够的扩展需求，或者在设计时未曾考虑到故障问题，那么可能会出现运行中断、性能不足等问题，最终导致客户流失和收入下降。

并不是每一个问题都需要由云计算来解决。曾经有一个客户打电话问我他应当选择哪一家云供应商来完成服务器的迁移。我于是问他想要解决什么问题。他说他在一台服务器上有一个代码仓库，想要将其迁移至云端。为了这套东西，他已经在软硬件和每年的维护费（如果他曾经为此付费）上花费了大约 3000 美元。如果他以每小时 50 美分的价格将服务器迁至云端，那么从完成这一刻起每个小时他都要按这个价格付费。1 小时 50 美分，一天就是 12 美元，一年下来他要在这台服务器上花费 4380 美元。更糟糕的是，每年他都要付出这么一笔费用，而他的本地沉没成本也不过是一次性支出 3000 美元。既然他的应用程序运行正常，不需要扩展或缩减，也已经支付了相关费用，之前也没有该应用迁移到云端的相关案例；而且很明显，使用云并不会带来费用的降低。因此，我给出了两种方案供其选择。方案 1：保持现状；方案 2：用软件即服务（SaaS）同类解决方案来替代现有的本地应用使用方式。现在市场上有很多基于 SaaS 的软件仓库，每月只收取很少的费用，也不需要管理硬件和软件。

**建议：**设定合理的预期。将云计算方案分解成多个更小一些的可交付项，这样可以尽快交付商业价值，使团队在前进的途中不断成长；不要让团队脱离市场埋头几个月或一整年只为了一下交付一大堆新型的云服务，不要尝试这种“爆炸式”的成长方式。了解各种云服务模式的优缺点。对云服务的消费进行优化、监控和审计，实施一定的管制流程来坚持正确的消费模式。认真查看每个月云服务提供商寄来的账单，确保成本控制在期望范围之内。

## 3.4 （错误三）对云安全有错误认知

安全是另一个人们经常出现错误预期的领域，主要体现在两个方面。第一种是坚决认为云计算非常不安全，不管基于什么理由都不能把数据放在公有云中。持此观点的人拒绝考虑公有云，他们通常会选择搭建自己的私有云。但如果安全和基础设施都并非公司的核心竞争力，只是出于担心而建设私有云可能并不是一个有效使用公司资源的好选择。第二种则认为云提供商会为他们考虑所有的安全问题，因此会放心地将带有各种安全漏洞的软件和服务部署在云中；当然，网络罪犯也很欢迎他们的到来。

云虽然为企业提供了便利，但同样也使网络罪犯们有了更多的可能性，这主要体现在两个方面。首先，云计算目前仍然非常不成熟，缺乏标准，在云应用安全上有多年实践经验的工程师也并不多。最终结果就是，当前许多企业部署的云服务并没有必要的安全和管控措施，在各类攻击和破坏面前显得非常脆弱。其次，鉴于云服务提供商为许多企业提供了计算资源和数据的托管服务，他们自然也成了一个网络罪犯们眼中的大目标。云提供商通常会提供高水平的边界安全，但是最终起决定作用的还是在云上部署服务的公司能否构建适当的应用安全等级。比如，类似亚马逊 AWS 这样的 IaaS 服务提供商具有世界级安全水平的数据中心，提供了如何在其平台上搭建高水平安全服务的白皮书，还提供了一套应用程序接口来使应用的安全设计更简单。但最终是否安全取决于在 AWS 上搭建软件的架构师是如何加密数据、管理密钥，以及实现良好的密码策略的。

安全与云的关系其实非常简单。如果有着适当的安全架构，公有云会比绝大多数本地数据中心更安全。然而，只有很少的公司清楚在云中必需的安全要求，并为之进行架构设计，另外还有大多数企业内部缺乏足够的技能来构建适当的安全等级。Forrester 曾经发布的一篇有关安全漏洞的报告声称，75%的安全漏洞都产生于企业内部。这其中又有 63%并非有意行为。常见的原因有优盘、硬盘、文档、设备、笔记本电脑等资产的丢失、被盗或误放。架构师们应当区分开有关云安全的神话与炒作，进行调研以获取更确切的信息。

安全不是某种买来的商品，而是必须规划和设计在软件中的东西；大多数长期应用在数据中心里的安全方面的最佳实践也应当应用于云中。我们将在第 9 章讨论如何对安全进行设计。这里必须要提到的是，在部署或使用云服务时，如果要符合监管约束并且通过类似 HIPAA、SOC 2、PCI DSS 和其他法规的审查，则有可能必须完成其他工作来提供适度的安全等级。在基础设施和应用安全上进行适当的投资，云服务能做到比本地解决方案更安全，对那些竞争优势并非安全的组织机构来说更是如此。

绝大多数非财富 500 强企业都没有专职人员、技术经验以及预算来构建和维护适当的安全等级，以应对不断增长的安全威胁；而对于大多数云服务提供商而言，安全是他们的核心竞争力，他们投入大量资金在人才上，并花费高额预算来打造最好的安全方案。使用在安全方面有特长的云计算服务商提供的安全即服务（Security as a Service）能够使企业获得比过去在自己的数据中心里还要高的安全等级。窍门就是知道安全风险是什么，然后通过技术、流程和监管的组合来应对这些风险。

**建议：**一开始就要确认架构师、产品团队和安全专家对于云安全、法规控制和审计要求有足够多的认识，这些我们在第 9 章会进一步阐述。如果有必要，可邀请独立的第三方来进行评估，并对部署之前和部署之后进行审计对比。最好未雨绸缪，尽量避免亡羊补牢。

## 3.5 （错误四）只选最喜欢的，不选最合适的

许多公司都不会对云提供商进行仔细评估和选择，它们只是简单选择自己熟悉的提供商。这种错误做法的明显例证是，随意一个.NET 项目，它

选择使用微软 Azure 的可能性高得出奇。当然我们并不是说 Azure 这项技术不好，而是说它不一定适合相关的工作。在第 5 章中，我们将会讨论到每种服务模式适用的商业应用案例。Azure 提供的是平台即服务（PaaS）。一个公司使用了.NET 进行编码并不意味着一定要选择 Azure，最适合的云服务模式是 SaaS、PaaS 还是 IaaS，关键的还是具体的技术要求。实际上，也确实有许多 PaaS 解决方案都支持.NET 开发。

对于 Google App Engine 同样如此。谷歌的 PaaS 支持 Python 开发。Instagram 又是一个主要靠 Python 实现的应用。如果 Instagram 只是因为选择了 Python 作为开发工具，就把谷歌的 PaaS 当作必然的选择，那它很可能无法获得 AWS 所带来的快速扩展能力。当然这也不是说谷歌很差或者 AWS 比谷歌好得多。简单地说，对于 Instagram 这样的扩展需求来说，IaaS 提供商要比 PaaS 更合适。PaaS 提供商会在其架构的各层强制设定阈值，来确保某个消费者不会消耗过多的资源从而对整个平台产生影响，造成其他消费者的性能下降。IaaS 的限制相对要少，可以通过适当的架构来实现更大程度的扩展能力。我们在第 5 章将会再对相关的应用案例进行讨论。这里要重复的是，钟爱某个提供商不能成为影响架构师做出正确商业判断的理由。毕竟，专物有专用，即便施工人员最顺手的工具是锤子，但拧动螺丝钉还是要用螺丝刀最方便。

**建议：**理解 SaaS、PaaS、IaaS 三种云服务模式之间的差异。清楚每种服务模式最适合什么业务场景。不要只是因为开发者使用了某种软件包或者公司多年来向固定的提供商购买了硬件而选择云提供商，应该综合考虑。

## 3.6 （错误五）没有服务中断及业务停顿的应对方案

在使用云服务时，我们应当做好这样的心理准备：一切都有可能而且将会发生故障。不管企业选择的是哪种云服务模式，都有可能在某个时间点上出现问题。这就像我们家里的用电一样，所有的房子都有可能突然遇到电力故障，或者是短暂的闪烁，抑或是持续几小时甚至数天的完全停电。云计算也是如此。对于企业来说最好的应对办法就是进行故障设计。在第 13 章中，我们将会对各种服务模式下应对故障的最佳策略进行讨论。这里我们先说几个没有故障应对计划的企业例子。

PaaS 服务提供商 Coghead 是数据库即服务（Database-as-a-Service）领域最早的市场推动者之一。数据库即服务产品通过自动执行数据库管理任务以及提供自动扩展能力，为企业带来了巨大的快速市场化优势。使用这些服务的消费者可以在自己的应用上集中更多精力和资源，减少在数据库管理上的投入，从而具有更大的灵活性；但同时，消费者在使用这类服务时必须清楚地意识到，他们选择这种服务的同时也选择了供应商锁定（lock-in），放弃了某种程度的控制权。锁定在数据库领域相当常见。数十年来，企业一直在购买 Oracle、SQL Server 和 DB2 的使用许可，已经习惯了被锁定于某个供应商。要说差别的话，在本地计算中，如果供应商离开，那么企业仍然能按自己的意愿继续使用相关软件；而在云中，供应商的离开也意味着服务的消失。2009 年，SAP 收购了 Coghead，然后告诉客户因为要关闭服务，所以他们有 8 周的时间来将业务迁移出 Coghead。大多数客户从来没预想过这种场景的出现，于是在接下来的 8 周或更多时间内，在摆脱数据库关停带来的不利影响上忙得焦头烂额。对于使用 SaaS 或 PaaS 数据库技术的企业而言，最好的举措就是要确保自己在服务提供商之外也有数据访问和操作的能力——不管是对数据库备份进行快照、每日抽取，还是采用其他一些独立于服务和提供商的可恢复性数据的存储方法。

每个人现在都听说过类似 AWS、Rackspace、微软和谷歌等主流 IaaS 和 PaaS 供应商服务中断带来的问题。即便 Netflix 这样的公司开发了一套名为“混乱猴子”（Chaos Monkey）的服务来对服务进行破坏，以测试整个平台的实时恢复能力，也无法保证服务中断永远不会出现。

当类似 AWS 的提供商在其某个可访问区域出现服务中断时，许多客户的网站和服务都会出现断网状态，只能等待 AWS 解决问题再恢复上线。大多数服务中断本可轻易避免——只要客户对此有所预期并进行了故障设计。然而许多客户却只在某一个区域进行单一部署，而且没有区域受到影响时的恢复计划。类似 AWS 的提供商提供的是每区域 99.95%的服务等级协议（SLA）。99.95%的 SLA 意味着每月 20 分钟零 9 秒或者一年大约 4 小时的停机时间。艾默生网络能源公司在 2011 年的一份报告中指出，服务中断对中型企业的影响相当于 5000 美元/分钟或者 300 000 美元/小时的经济损失。将这个数字应用于 AWS 的 SLA，也就是一年 4 小时的停机时间，那么中型企业一年遭受的业务损失将达到 120 万美元！如果知道单一区域故障可能带来如此之大的损失时，什么样的公司会在头脑清醒时放弃构建跨区域冗余方案呢？AWS 在一个地区会提供多个区域，并且在全球有多个地区。消费者构建跨区域和/或跨地区冗余的话，可以达到远高于 99.95%

的 SLA。问题总会发生。如果 AWS 发生了 2 小时的故障，那么当消费者的网站因为没有进行容灾设计而停止服务的话，到底是谁的责任？我想不应该是云提供商，而是架构师。

**建议**：选择云服务模式和云服务提供商时，先理清楚可能有的故障点和带来的风险，并对此进行应对设计。了解云提供商的 SLA 和数据所有权政策，仔细检查所有具有法律约束力的文档和协议。每种云服务都会带来某种程度上的供应商锁定。研究锁定的成因和影响，确定服务等级。云计算不是一个非此即彼的命题，不必非得全部迁入，也不必完全摒弃。细心选择，更细心地进行架构设计。

## 3.7 （错误六）低估组织变革带来的影响

从零开始建设新系统的初创企业在使用云时面临的障碍很少；但对于那些创立已久、已有基础设施和 IT 工作人员但云经验却有限的组织而言，组织变革带来的影响绝对值得重视。要知道，变化远不止 IT 层面这么多，商业流程、审计政策、人力资源激励计划，以及法律程序等事项，在此之前都只是在与企业内部的数据和服务打交道，而现在则必须要往外看了。采购流程从购买物理资产和软件许可，转变为向虚拟基础设施和按需供应的软件付款；能力规划从预测将来需要的学问转变为实时自动扩展的学问；当安全现在成为焦点时，如何确保公司防火墙以外的数据安全又提出了新的挑战。诸如此类的问题还有很多。那些认为云计算不过是另一个 IT 系统的公司会大吃一惊的。

对于某些公司而言，接触云计算的第一步可能是技术性验证测试（PoC）、调研和开发试验，或者采用类似将某些非关键性数据存放在云存储提供商处的低风险方案。这种小方案不会带来太多的组织变革，相应地降低了失败的风险。而当公司实施较为大型或可能产生更多风险的项目时，就应该有计划地对组织转变进行管理。

## AEA 案例研究：应对变化

为了能更通俗地说明组织变革会对云计算方案产生何种影响，我们这里再把那个虚构的在线拍卖公司——顶点拍卖在线（AEA）请出来。

AEA 在大约 10 年之前建立了一个内部的客户关系管理（CRM）系统，来支撑自己本地基于网页的拍卖平台。一些开发相关应用的团队成员现在仍在 AEA 就职，并深深为自己的工作成就感到自豪。但随着时间的流逝，应用所需的管理和维护成本变得日益高昂，也不再能提供当前流行的 CRM 工具所具有的大多数功能特性，如移动端应用、与第三方工具的集成、社交网络等。因此，AEA 决定选择一个基于 SaaS 的 CRM 解决方案。然而 IT 团队表示了不同意见，他们引用了论文和博客来说明云中安全和正常运行时间方面所具有的问题。安全团队极力反对将客户数据置于云中的观点。SaaS 供应商或许能在一天内完成服务的开通运行和配置，但将数据从旧有系统中导出然后导入新 SaaS 系统的工作却阻碍了项目的进行。什么才是快捷有效的 IT 解决方案正在演变成为业务部门和 IT 部门之间的一场争斗。AEA 要如何才能避免这次争执和由争执带来的项目延期呢？

争执的起因并非技术问题，而是人的问题。无论是人们拒绝从主机系统迁移至主机-客户端模式，还是反对企业使用互联网，又或者拒绝商业流程的改变，我们近年来已经多次看到这样的情形出现。原因就在于当人们获知要进行改变时，通常他们的第一反应就是拒绝改变。我们将会在第 15 章进一步讨论管理变化的策略，以及 AEA 如何解决组织内的问题以推动项目的进展。

**建议：**如果可能，在实施云计算项目时，先从较小的、低风险的方案做起。如果项目风险和类型都比较大，千万不要低估组织变革带来的影响。营造出紧迫感，组建并赋权一个团队来掌控项目，创建未来状况的愿景，并通过使用各种可能的沟通机制（全体大会、博客、简报、会议、海报等）一遍一遍地在整个组织内进行观点的传播。

## 3.8 （错误七）技术不足

企业通常并不具备构建基于云的解决方案所需的技术能力。不少经营多年的大中型企业往往已经有了一整套应用和服务，应用架构方式横跨多个时代，从主机、客户端-服务器到商用化软件等不一而足。企业内部的主要技能也都集中在这些不同的架构体系上。系统管理员和安全专家通常已经在研究物理硬件或本地设施的虚拟化上投入了整个职业生涯。但云架构的松耦合性和无状态性，与绝大多数多年建设遗留下来的应用截然不同。许多云方案要求与其他多个基于云的解决方案进行整合，而这些方案又可能来自其他供应商、合作伙伴或客户。在这种情况下，用于测试和部署云方案的方法可能与公司在本地环境中已经习惯的方法截然不同，并且相比之下更灵活。因此，正在选择云服务的企业应该意识到，云服务并不只是在云提供商处进行部署或支付软件那么简单。技术架构、业务流程和人员观点都在发生巨大改变，而企业却往往缺乏做好这些事情所需的技能。

正如本章之前提到的，许多传统架构中的应用会依赖于“状态”，而构建云端软件需要开发无状态应用。要知道，架构合理的云服务的秘密就在于完全理解和拥抱 RESTful[①]服务的概念。许多公司声称它们采用了面向服务架构（SOA），但是许多基于 SOA 实现的表述性状态转移（REST）都只不过是一组 Web 服务（JABOWS）。正确搭建 RESTful 服务需要一些特殊的工程师，他们知道如何以利用云中虚拟计算资源的方式来架构服务。毕竟，如果构建解决方案的开发者不能正确处理应用状态、不能提供正确的抽象层次，并且不能使用正确的粒度级别，那么企业不可能会提供良好的云计算体验。应用安全是另一个容易出现技术短缺的领域。企业多年来一直在开发在应用安全等级方面存在不足的软件。但或许由于边界安全足够可靠，能够屏蔽大多数攻击，因此这些应用通常表现得还可以。编写运行于企业防火墙之外的云中的软件，则要求开发者和架构师对于应用安全有着足够的知识深度。在云里，开发技能在系统管理方面表现出了更高的优先级。由于许多手动管理任务现在可以以云服务的方式获得，管理员需要协同应用开发团队一起开发软件。这也要求管理员使用相同的应用开发工具和开发流程，并成为发布管理周期的一部分。在许多公司里，应用开发和系统管理的协作关系并不会那么紧密，两者也有着不同的技能集。我们将在第

---

① Thomas Earl 认为“无状态是服务的优选条件，能促进复用性和可扩展性”。而这些是云服务的基本特征。——译者注

14 章进一步讨论开发和运维之间的工作关系。

在云中部署、监控和维护软件，可能会与组织当前处理这些任务的方式有着根本的不同。不管是开发人员、管理员、咨询服务人员、敏捷大师或者其他任何一种角色，为了更好地完成工作，他们都需要对云计算有着深刻的认识；这意味着他们将会需要对网络、安全、分布式计算、SOA、网页架构等更多方面有着丰富的知识。其实，当组织从主机转向客户端-服务器模式时，这种改变就已经发生过。人们需要学习新的方法来进行转变。同时，公司还要保持并维护遗留系统的正常运行。要知道，很难找到一个人熟悉从旧有的遗留方案到全新云方案的所有不同架构，所以引入具有云经验的新员工来帮助公司转型并同时培养、提高现有的员工不失为一个好的策略。而如果尝试让没有云架构经验的人来完成移向云端的工作，结果很可能不会太成功。

**建议：**基于项目需求对现有的员工能力进行评估，确认技术缺口。然后，通过全职招聘或劳务外包的方式获得有经验的人才来填补这个缺口。确保在这个过程中，现有的员工能够从这些经验人士处学习提高。切记，如果仅有外部的经验人士参与到这些方案中，那么公司内部的人难免会有抱怨情绪。此外，留意参加实践者做讲解的聚会和大型会议（但是要提防供应商的推销行为），多与那些有成功经验的本地组织进行接触。鼓励团队成员参加培训、阅读博客，以及通过网络进行协作，分享学习其他人的经验。

## 3.9　（错误八）对客户需求的认识不足

有时候，IT 人员会忽视业务方面的需求，搭建出只是在 IT 方面最优的云解决方案。但问题是，服务模式的选择在某些方面却是基于消费者的需求而定的。例如，如果公司在开发一个处理信用卡信息的 SaaS 方案，那么其业务需求就与开发体育新闻网站的公司迥然不同。如果公司是处理病人的健康档案或者极度机密的政府信息，那么有关安全和隐私的业务需求就远高于构建流媒体视频产品的公司。

应当由具体的业务需求决定采用何种云部署模式（公有、私有、混合）和何种服务模式（IaaS、PaaS、SaaS）来实现解决方案的架构。如果公司在建设面向消费者的网站，用户自愿交换个人数据以获得免费服务（Facebook、Twitter、Instagram 等），那么公司可以轻易确定将一切置于公有云中的决定是正确的；而如果公司向类似零售商店、医院和政府部门这些企业或组织提供服务的话，很有可能某些客户会要求至少把某些数据留在私有云中或其本地系统之内。所以，在诸如安全、隐私、集成、法规限制等问题上，了解最终用户的需求非常重要。我们将会在第 4 章对这些模式进行详细讨论。如果一个公司在构建 SaaS 解决方案，那么就应该预期到客户在安全性、可靠性和可审计性方面有着最高级别的要求。因为 SaaS 软件必须要安全、可靠、可扩展及可配置，否则很难吸引到客户购买。所以预先明白客户的期望非常重要，这样能在一开始就把客户的需求构建在底层架构中。

**建议：**在选择云服务模式和云类型之前，理解业务需求和客户对于云计算的期望是需求驱动决策，而非决策驱动需求。明确产品定义和需求，对业务需求的安全和监管问题进行评估，把缺漏添加到整个产品的待办事项中。记下经常会被问到的问题，随时查阅，能够解答典型客户对于基于云的方案经常会有的疑惑或顾虑。

## 3.10 （错误九）缺乏明确的成本管理和控制策略

人们对云计算的期望之一，就是按需付费的模式会极大降低 IT 基础设施的使用成本。但实际上只有在架构和管理软件时对云服务的使用进行了优化的情况下，这种说法才切实有效。云计算的强大之处还表现在能够非常迅速地启用服务或计算资源，但是如果对消费计算资源的过程没有进行严格的控制管理，那么企业很容易就看到每月成本的快速增长，CFO 请人到办公室里喝咖啡解释也就在所难免。

每种云服务模式对控制成本都意味着不同的挑战。SaaS 公司通常按照服务等级或用户数来收费。如基于 SaaS 的代码仓库 GitHub 有不同的服务等级，包括免费的公用仓库、收取最低月费允许创建至多 5 个仓库的微型级别，以及依此类推直到每月 200 美元，支持超过 125 个仓库的白金计划[①]。这些工具通常都缺乏有效的管理，一个应该使用每月 50 美元支持 20 个仓库的白银计划的公司，可能正在为 200 美元的白金计划付费，并且还不知道都有哪些仓库，谁在管理它们，以及哪些仓库正在被使用中。某些 SaaS 解决方案按用户数收取月费，某些则基于事务量。基于事务量的 SaaS 解决

---

① 截至 2013 年 5 月，GitHub 的成本。

方案，如电子邮件活动管理工具会按照发送的邮件数收费。一些企业会将电子邮件工具的 API 集成在自己的产品之中；但是如果它们没有建立保障措施来预防类似无限循环或误算之类的错误代码，那结果很可能就是收到远高于预期的每月数千美元的账单。因此，企业必须确保对这些风险进行了排查，并且在系统中内置了节流组件，来预防此类场景的出现。

在成本优化方面，PaaS 解决方案同样提出了挑战。PaaS 的最大优点之一，就是在流量高峰时间平台能够自动完成扩展。PaaS 的魅力就在于开发人员专注于满足业务需求，而平台处理基础设施问题。但是就像我们刚刚在 SaaS 的示例中提到的，必须有适当的控制来确保软件缺陷或不可预期的过量负载不会导致 PaaS 消耗大量的基础设施以及月底大笔账单的出现。

严格管理对 IaaS 解决方案更为重要。由于部署一台虚拟计算资源的过程是如此简单，因此在适当控制缺位时，公司可能会很快进入一种“服务器蔓延”的情形之中——数百台服务器运行在不同的研发环境中，计费工具也在 7×24 小时地运行。更糟的是，考虑到许多服务器具有的外部相关性，你很难立刻将它们关闭。我的一个客户就遇到过这样的情况。在初创企业时，他们有一个小型的开发者团队来手动管理各种事项。由于每个人都对自己的“一亩三分地”负责，并且跟踪所有的服务器及其依赖关系比较容易，因此系统运行得还比较顺畅。后来，这个初创企业被一家大型企业收购，更多人进入了这个团队。不再有时间分配在计算资源管理的进程开发上，而且在一夜之间服务器的数量就增加了 3 倍。更糟糕的是，没人真正意识到这会有什么影响，直到财务部分发现账单数字飞涨。不幸的是，当他们发现这个问题时已经过去了几个月时间，许多计算资源已经在软件的不同生命周期内有了外部相关性。每个项目都有一对多的部署、测试、质量保证和演示环境，而且并非全部都有同样的补丁和升级版本。当财务部门要求团队缩减预算时，盘点清单，以及制定对环境进行整合和标准化的计划就花了几个月的时间。所以直到今天，这个客户还坚持认为云比本地计算要昂贵得多，并且正在想办法减少公有云的使用。但我们都知道，真正的问题在于管理的缺失，而不在于公有云的费用本身。

云计算最昂贵的部分通常与云完全没有丝毫关系。企业经常会低估在云中构建软件所需的努力。2013 年 2 月，KPMG 国际发布了一篇对全球 650 名采用云计算的高管的调查报告。调查显示，三分之一的受访者发现与云计算方案有关的成本比他们预想的要多。受访者认为，内部技能的缺乏和与现有系统整合的复杂性是成本上升的主要原因。在适当的架构和管理情况下，云计算可以明显降低组织内部的成本，但这并非是必然结果。一切还是取决于架构和规划。在第 4 章中我们将会对此进行深入讨论。

**建议：**了解每种云服务模式的成本，建立适当的公司治理和软件控制层级，对成本进行优化和监控。对于有着遗留方案的公司来说，不要低估与遗留架构集成可能要花费的工作，以及培训现有员工或聘请有经验的工程师所需的成本投入。

## 3.11 总结

实际上，实施云方案面临的挑战远比人们认为的要多。成功实施了云方案的公司能够降低 IT 成本、提高市场响应速度，并更专注于自己的核心竞争力。初创企业在从头利用构建云方案方面有着得天独厚的优势，但运营已久、有着遗留方案和 IT 项目的公司，如果想要成功迁移至云端可能就需要进行大的变革。尝试在云中构建方案的公司应对本章提到的错误实践有所了解，留心本书给出的建议。虽然供应商处流传的市场神话使云计算看起来相当简单易行，但那些 PPT 看看即可，千万不能深信。重要的是，企业必须理解每种服务模式的优缺点，还有类似安全、因素、数据所有权、法规、成本、组织变革等关键问题背后的含义。

# 第 4 章　先从架构开始

医生能埋葬自己的过失，而建筑师则只能劝顾客多种爬藤遮丑。

——弗兰克·劳埃德·怀特，美国建筑师

建造房子时，没人会在开始跳过采购材料和工具及聘用工人的步骤，而直接开始下面的工作；但是在 IT 世界里，我们却经常看到团队在业务概念和客户需求还未明确时就直奔开发而去。就云计算而言，由于更多的控制权转移到了云服务提供商手中，风险变得更大，也就更需要采用务实有效的方法。不论公司是否有正式的企业架构经验，能否在云中获得成功取决于是否采用了那些进行合理架构设计的基本原则，以及是否自问了这 6 个问题：原因（Why）、何人（Who）、什么（What）、何地（Where）、何时（When），以及如何（How）。

## 4.1　5W1H 的重要性

关于企业架构（EA）的价值，相关的哲学辩论已经持续了数十年。所幸，对云进行架构不需要公司内部有正式的 EA 组织或使用了类似开放组织架构框架（TOGAF）或 Zachman 框架的正式的 EA 方法。但不管怎样，架构师还是应该在投身云计算之前，按大多数方法学建议的那样进行必要的摸索学习。许多公司常犯的一个错误是在进行详细调查之前就选定了供应商。比如，即便平台即服务（PaaS）可能并非解决商业挑战的最佳服务模式，一个使用微软产品的组织也会很容易下意识地将微软的 Azure 当作默认选择。就此而言，架构师应该寻求以下问题的答案：

Why。我们在试着解决什么问题？业务目标和驱动力是什么？

Who。谁需要这些问题得以解决？（内部/外部）的参与者都有谁？

What。业务和技术需求都是什么？有哪些法律和/或法规的约束？风险是什么？

Where。将在哪里提供这些服务？当地有没有一些特定需求（法规、税收、可用性问题、语言/现场问题等）？

When。这些服务需要什么时间提供？预算是多少？与其他项目/方案有没有关联？

最后一个问题经常会被忽视，但却非常重要，它关心的是组织当前的状态及其对云计算带来的变革的适应能力。

How。组织如何交付这些服务？组织、体系架构和客户是否都做好了准备？

一旦理清这些问题的脉络，架构师就能更好地为公司挑选最适合的服务模式和部署模式。在第 5 章我们将会看到时间、预算和组织准备程度等因素是如何像业务和技术需求那样影响云服务模式的选择的；此外，项目是完全从零开始建设，还是进行遗留系统的迁移，抑或两种情况兼有，这些因素也会对云服务模式和部署模式决定产生影响。遗留系统可能会对某种云服务模式和部署模式的使用制造障碍；而如果要迁移至云端时，面对市场上众多提供迁移服务的云服务提供商，企业还需要认真进行评估比较。

用户和数据类型对云的架构也有着影响。例如，消费者选择加入和同意分享数据的社交网站与获取和存储癌症病人医疗档案的健康应用有着完全不同的需求。后者面临着更多的约束、风险和监管要求，在很大程度上可能会形成与社交网络平台迥然不同的云架构。我们将会在下一章对此进行详细讨论。

## 4.2 由业务架构开始

重要的云方案最好先从画一张业务架构示意图开始，这样就能在整个企业（至少与方案对应的部门）范围内对各个接触点和业务功能有更深入的了解。

## AEA 案例研究：业务架构视角

我们虚构的在线拍卖公司——顶点拍卖在线（AEA）正在考虑将其拍卖平台迁移至云端。公司最初的平台由内部员工在几年前——云计算的概念还未流行时——完成；近年来，AEA 发展得不错，但是平台却开始显示出不足，公司投入了大笔费用来维护平台的稳定，却很少有时间来增加类似移动、社交和富媒体的功能。在董事会的提议下，AEA 决定搭建新的平台，并且认为使用云能够帮助自己以较低费用实现扩展，同时又能快速向市场交付产品和服务。在一头扎进新平台之前，AEA 很明智地制定出了其未来的业务架构图，如图 4.1 所示。

通过这张示意图，团队能够看到架构体系内的不同集成点和端点。在示意图的整个顶部，AEA 定义了系统的外部参与者都有哪些，以及用户将会使用哪些接触点来与系统进行交互。所有的外部访问都会通过应用程序接口（API）层来进行。从销售的开始到整个交易的结束，AEA 定义了 6 个核心业务流程来构成产品的工作流。在业务流程之下是一系列的服务。某些服务支撑买方需求，另一些则针对卖方。在服务层之下，是各种由买方和卖方共享使用的业务服务。在这些服务的下面是类似安全、事件和提醒的实用工具服务。底层显示企业将会实现的与其他系统进行集成的点。

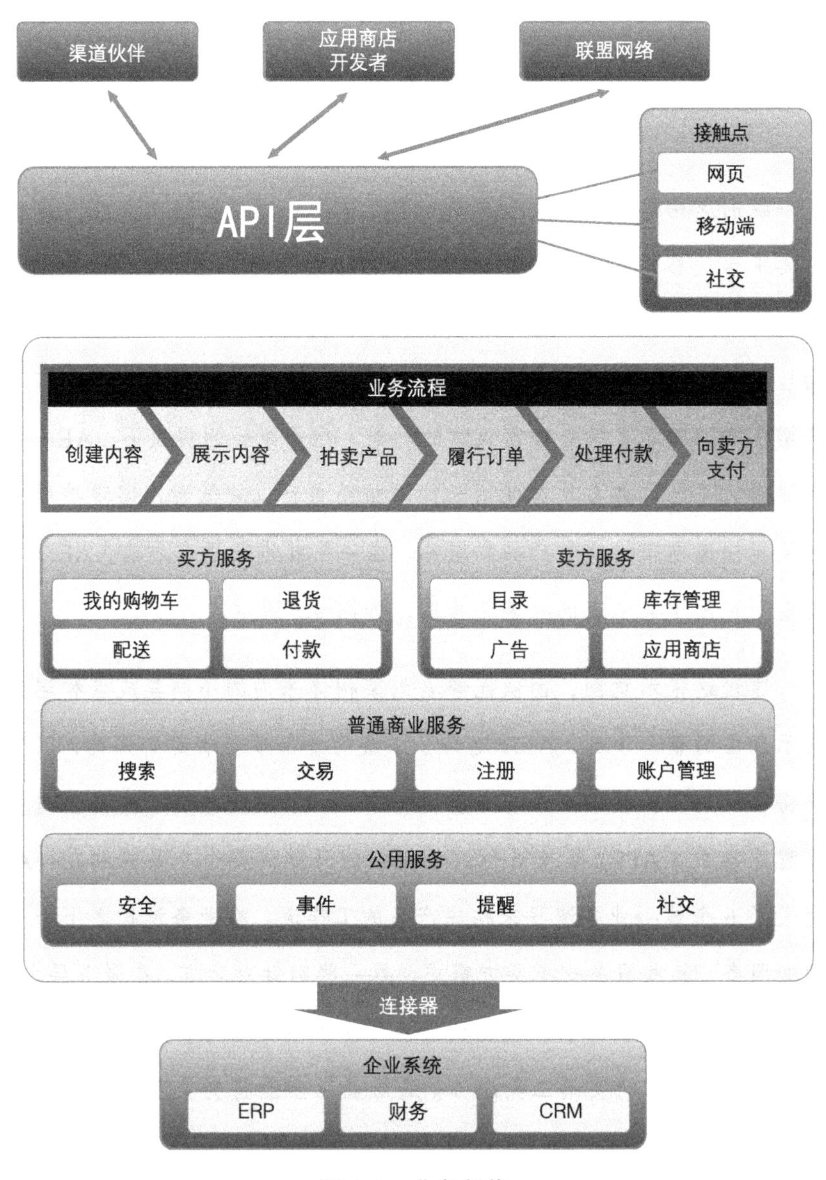


**图 4.1　业务架构**

即便在第一阶段我们的关注点只是架构的某一组件，明白该组件如何匹配整个业务架构也是相当重要的事情。但实际上我们却经常在对企业缺乏足够了解的情况下开始系统的搭建，然后在方案难以与企业其他系统集成的情况下结束部署。这就像是计划在正门入口安装一扇门，却基本上不知道房子其余部分的情况一样。当然，我们可以成功地把门装在门框内，但是如果门是向外打开而且（虽然我们不知道，但）其他工人会在门前放置一个纱门，结果会怎么样？纱门是现在安装还是一年内安装并不重要，但不管在哪种情况下，我们可能都必须把门的方向改为向内打开。搭建云服务也是如此。架构师应该在“装门”之前对企业的整体愿景有一定程度的认识。

## AEA 案例研究：明确业务问题描述

AEA 现有的拍卖网站由许多专用组件构成。新架构的目标就是要创建一个开放式的平台，将 API 层对外暴露，以便频道合作伙伴、应用（App）商店开发者和联盟网络的合作伙伴能够无缝链接至拍卖平台。AEA 希望创建一个拍卖的 PaaS。它会提供拍卖运行所需的所有基础设施和应用逻辑，这样其他公司可以在平台上层创建内容。这个举措会为 AEA 平台带来更多的买卖双方，从而提高收入。在旧模式下，AEA 有一支大型的销售队伍来吸引卖方和买方在 AEA 网站上注册。而在新模式中，有商品的公司可以在 AEA 平台上建立虚拟网店并进行拍卖。此外，AEA 希望加入移动和社交属性来跟上市场趋势；它认为移动性能提高交易量，而社交媒体是将品牌宣传给其顾客网络的有效方法。这些通过 API 层完成的交易会带来现有架构无法实现的新的收入流。

在新的架构设计方面，AEA 选择了面向服务架构（SOA）。多年来，

AEA的多数遗留架构都以竖井的方式进行建设，包含Java、.NET、PHP等多种不同的技术堆栈。公司现在有两个数据中心，运行效率都在80%左右。高级管理层不想再对数据中心有任何的物理扩展和资金投入，并要求基础设施成本至少缩减20%。因此，团队必须在年底之前与频道合作伙伴、应用商店开发者以及联盟网络进行更多的集成工作。能从这次新集成中获得多少预期收益决定了项目是否值得进行，所以按时完成任务至关重要（他们有6个月时间来完成）。

## AEA案例研究：务实的方法

项目的首席架构师Jamie Jacobson一开始就回答了那6个关键问题。AEA使用了敏捷方法论，但同时也意识到，在团队开始构建解决方案之前应该进行一些必要的探索研究工作。实际上，由于时间非常有限，如果打算按时完成任务，那么他们在很多领域都很可能要放弃自建系统，转而利用SaaS、PaaS或IaaS解决方案。Jamie的笔记如下。

| | |
|---|---|
| Why | 搭建开放式平台以带来新的收入来源。<br>减少数据中心占地面积和基础设施成本。<br>用移动和社交功能吸引消费者，带来更多流量。 |
| Who | AEA需要借此保持竞争力。<br>新的参与者：频道合作伙伴、应用商店开发者、联盟网络。<br>数据中心运营需要基础设施跟得上时代，并且降低成本。 |
| What | 系统现在暴露给第三方了，系统安全需要更强大。<br>需要连接合作伙伴的物流和配送合作方。<br>必须保护/保障所有交易的安全；合理的客户审计。<br>必须可扩展以应对随时的流量高峰。 |
| Where | 产品销售适用的地理相关的规章制度（年龄、税收）。<br>买方和卖方可位于任何国家。 |

When　年底（6 个月内）完成第三方集成。

How　在云和 SOA 方面有限的 IT 经验。
运营模式有巨大改变——以前从未对第三方提供支撑。

对 Jamie 和团队而言，下一步就是选择一种架构来达成这些目标。他们将这部分工作称为“零号冲刺”（sprint 0）。将第一次冲刺的时间设定为一周，针对这 6 个问题进行，并不断重复以获得足够的资料来开始下一个架构方面的冲刺。在第二个架构方面的冲刺阶段，架构师团队需要完成这些目标：

- 调研云计算。
- 针对与第三方进行集成的近期目标和交付一个拍卖 PaaS 的长期目标提出一种架构。
- 明确平台的非功能性需求。

AEA 有了一个好的开始，但是路漫漫其修远兮，要做的工作还很多。“零号冲刺”是重要的探索训练。团队需要快速收集大量的信息，并委派一个特别小组来评估对组织造成的影响。随着他们的工作开展，我们会继续通过本书看到 Jamie 和他的团队遇到的类似安全、数据、服务等级协议、扩展等的实际问题。

## 4.3　识别问题（Why）

“要试着解决什么问题？”（Why）是最重要的问题。对于一个组织而言，使用云计算服务的商业驱动力是什么？每个公司、每种文化和每种架构都会有着不同的答案。例如，对于初创企业，在云中搭建新系统是显而易见的事情。实际上，如果一个初创企业决定构建和管理自己的基础设施，最好能就为什么选择物理基础设施和数据中心而非云计算给出令人信服的答案，因为大多数风险投资人和天使投资人都会对管理团队的领导能力提出质疑。

与此形成鲜明对比的就是成立已久的大型企业，它们在资产负债表上有着大量的物理基础设施，在生产环境中使用了多种不同的技术堆栈并部署了多个遗留架构。对企业来说，为了能最好地利用云服务，相应的决策过程要复杂得多。如果“缩减IT基础设施成本”是其中一个商业驱动力，那么初创企业因为无须投资数据中心和基础设施，也不用有人对这些设备进行管理，只需要在云中构建自己的全新应用即可，所以可以轻松实现这样的目标；但一个运营已久的企业将不得不对企业现有的每一个组件分别进行评估，以判断能将哪些迁移至云中，每个组件更适合哪种部署模式（公有、私有、混合）。

大型组织可能会选择使用多种方式和不同的服务模式来缩减成本。比如，假设他们正在使用大量的商业软件产品来管理非核心竞争力的业务流程，如工资单、人力资源任务、审计等；组织或许会选择使用软件即服务的方案来替换这些方案。但将遗留应用程序迁移至PaaS或IaaS并非那么简单，因为底层架构或许并不支持基于网页的或无状态的架构，重新进行架构设计的成本也降低了迁移方案实施的可行性。所以组织可能会采取另一种方式——选择使用云来解决特定的问题，如备份和恢复、按需配置测试和部署环境，或与外部API进行集成以处理特定的数据集（地图、邮政编码查找、信用核查等）。总而言之，我们应对整体架构的每一部分都进行单独评估，确保选择了最优的云服务和部署模式。除了一切从头做起的初创企业，选择单一的云服务模式和部署模式很少具有实际意义。毕竟尺有所短，寸有所长，物有所不足。

## 4.4　评估用户特征（Who）

"Who"的问题确定了系统的内部和外部用户构成。用户可能是人，也可能是系统。识别出参与者有助于发现有哪些组织（内部的和外部的）与整体系统进行了交互。系统的每个参与者都或许有自己的需求。所以一种云服务模式或许并不能满足所有参与者的需求。

### AEA 案例研究：多种云服务模式

在 AEA 业务架构图表中，有些消费者会连接到高扩展性的网站，而有些供应商会访问库存系统。如果 AEA 希望扩展至 eBay 的水平，则可以选择 IaaS 服务模式，这样就能对整体性能和系统的扩展能力具有更多的控制力。在库存系统方面，它可以选择 SaaS 解决方案。重点是企业通常会利用多个云计算服务模式来满足系统内各个参与者的不同需求。

一旦明确了参与者，理解这些参与者的特征就具有了重要意义。这些特征包括人口统计特征（年龄层、技术理解能力水平、所处国家等）、参与者类型（个人、企业或政府等）、业务类型（社交媒体、健康、制造业等）等。"Who"的问题可以发现功能性和非功能性需求。在云计算的场景下，参与者特征推动了在隐私、监管、易用性、风险等方面的重要设计考虑。

## 4.5 明确业务和技术需求（What）

“What”问题能使我们发现许多功能性和非功能性需求。功能性需求描述了系统、应用或服务应该如何运行。功能性需求包括：

- 系统必须处理什么数据。
- 界面应如何操作。
- 工作流如何运转。
- 系统的输出是什么。
- 系统的每一部分对应的访问权限设定是什么。
- 必须遵守什么样的法规。

非功能性需求描述了架构是如何运行的。下面列举了一些为了更好地选择适当的云服务和部署模式，应进行评估的非功能性需求类别：

- **易用性**。终端用户和系统使用平台的需求。
- **性能**。响应用户和系统需求的能力。
- **灵活性**。以最少的代码变更匹配业务变化速度的能力。
- **能力**。在当前和未来完成业务功能的能力。
- **安全性**。有关安全、隐私和合规方面的需求。
- **溯源性**。有关日志、审计、通知和事件处理的需求。

- **复用性。**内部和外部所需要的重复使用的水平。
- **集成能力。**与各种系统和技术整合的能力。
- **标准化。**符合特定行业的标准。
- **可扩展性。**扩展满足业务需求的能力。
- **可移植性。**部署在不同硬件和软件平台上的能力。
- **可靠性。**必需的运行事件、SLA，以及恢复机制。

## 4.6　将服务消费者的体验可视化（Where）

如果不知道房子将会建在哪儿、有多大、有什么空间划分限制、气候情况如何，以及等等类似于房子所在地有关的约束条件，一个好的建筑师是不会开始房子的建筑规划的。比如在佛罗里达，大多数房子的架构侧重于在飓风季节能抵御强风，在夏季能承受极端高温；多伦多的新房架构则可能会避免在抵御强风上花费太多设计成本，而更加注重耐寒并将热量均匀分布在整个建筑结构中。

就云计算而言，理解法律的影响至关重要，尤其是与云服务的消费地和数据的存储地有关的法律。在不同的国家、地区、州甚至县，法律法规都有不同的限制。比如在优惠券行业，某些地区对烟草、酒精甚至乳制品等产品的推广有着明确的法律限制，所以有关此类商品的市场活动在进行时就必须留意合规问题。

商业软件联盟（BSA）发布的“2013 全球云计算报告”（*Global Cloud*

*Computing Report Card*）中指出：“云服务的经营跨越了国界，它们的成功取决于区域和全球市场的准入情况。那些制造实际或潜在贸易壁垒的限制性政策将会减缓云计算的演变。”一些国家，比如日本，已经围绕隐私法、刑事诉讼法和知识产权保护构建了现代化的法律体系来促进数字经济和云计算的发展；与此相反，还有一些国家有着复杂的法律，区别对待外国科技公司，并对可以流入和流出国家的数据类型进行了限制。那些限制在国家之外进行数据传输的国家，对想要搭建云计算解决方案的科技公司提出了挑战。

或许对云计算产生影响的最具有争议性的法律之一，就是美国《爱国者法案》（2001）。《爱国者法案》在针对纽约世贸中心的“9.11”恐怖袭击后不久被签署成法律。这项新法赋予了美国执法部门和情报机构对任何美国公司或任何在美国境内运营业务的公司的数据进行检查的权力。许多存储敏感数据的非美国公司担心美国政府可能会拿走他们的数据，因此选择在内部存储数据并退出云。然而许多人不知道的是，许多国家也有着类似的法律，情报机构有着《爱国者法案》所提到的同样的权力和访问权限，以避免受到恐怖主义的威胁。

架构师需要熟悉这些有关其业务和数据的法律、法规。这些法律带来的影响能够左右对于公有云或私有云、云或非云、本地供应商或国际供应商之类的选择。混合云方案通常会被用来解决这些困扰。企业通常会使用 IaaS 或 PaaS 服务模式来应对大多数的业务处理需要，把不想受制于（类似《爱国者法案》之类的）法律提取的数据放在私有云或内部非云数据中心内。

另一个更令人兴奋的“Where”问题是：这些云服务能通过哪些设备

和接触点进行访问？现在的用户通过多种渠道消费数据。举例来说，我们在网页、移动设备和平板上消费信息，通过扫描仪和医疗设备消费信息。甚至我们的汽车、冰箱、家庭安全系统和几乎每一个具有 IP 地址的东西，在这个时代都可以与终端用户进行交互。事先知晓这些接触点都是什么有助于我们做出一些重要的决策。

## AEA 案例研究：移动开发决策

假定 AEA 计划允许用户在智能手机、功能手机、平板电脑、台式机和笔记本电脑上访问其拍卖网站，并发布了 API 以便其他网站可以嵌入 AEA 拍卖应用。这就要求进行大量的开发工作，来支持所有这些不同的接触点、浏览器版本，以及可能以各种语言（.NET、PHP、Python 等）编写的第三方网站。AEA 可以选择一个擅长移动设备和平板电脑的 PaaS 解决方案，加快和简化开发流程。这些平台有时会被称为**移动后端即服务**（mBaaS），侧重于允许开发人员构建一个统一代码库，支持在多个设备类型和浏览器版本之间无缝运行转移。

类似 Apigee、Mashery 和 Layer 7 Technologies 的 SaaS 供应商提供了一些云服务，用于构建向第三方发布的 API。这些 SaaS 工具提供了安全、转换、路由、网页和移动分析，以及其他许多重要的服务，使开发人员能够专注于自己的业务要求。与移动 PaaS 工具一样，由于供应商会注意对新的技术、标准和模式的支持，这种开放 API 的 SaaS 工具明显会提高开发人员响应市场的速度，并减少维护的工作量。举例来说，如果一个新的设备开始流行或者在按照 OAuth 的标准进行变更，移动 PaaS 和 API SaaS 供应商就会更新其产品，使开发人员能够专注于自己的业务需求。

## 4.7 明确项目约束条件（When 及 What）

弄清楚预算和预期的交付日期也很重要。在选择云服务模式时，时间可能是一个非常重要的因素。如果出于业务原因，要在下个月实施一套新的 CRM 方案，那么 SaaS 方案就可能是唯一能满足条件的方式。有时日期是人为指定的，如我们多次看到项目的截止日期被设定为 1 月 1 日。通常情况下，除非指定某人以某种目的和目标在年底之前交付项目，否则这种日期往往都没有什么商业驱动因素。但是在其他情况下，日期对于业务非常重要。如在感恩节和圣诞节假期之前获得绝大部分收益的企业，在流量高峰到来之前可能对于提交新产品或服务来提高整体系统性能有着急迫的需求。但不论哪种情况，日期都会对企业的最终决定产生影响。不管时间限制是实际存在的还是人为指定的，在进行架构决策时这都是必须要考虑在内的约束条件。有时架构最优的方案未必业务最优。关键是，在制定架构决策时满足业务目标必须被始终放在第一位。

还有其他的约束条件会影响云服务和部署模式的选择。管理层或消费者可能都会带来一些人为的限制。比如，在没有进行认真调研的情况下，他们会要求将所有的公有云选择排除在外。无论这种决定是否正确，这都是一种可以解释的限制条件，并且关注点可以转向私有云和 SaaS 解决方案。而如果一家公司表示它想要大幅降低其基础设施占地面积，减少其数据中心的数量，那么在这种情况下，架构师应该对公有云、SaaS、PaaS 保持同样多的关注。还有一种情况就是要求架构师使用某个特定供应商的服务。但不管是什么情况，重要的是应该在做出重要决定之前确定所有的约束条件。

## 4.8　了解当前的状况约束（How）

在问到“How”的问题时，组织的准备情况总是离不开的话题。公司内部是否有技术储备？会计与财务部门是否愿意并且能够从一种资本支出（提前购买）模式迁至运营支出（现收现付）模式？企业文化的思维方式是什么？是否拒绝转变？是否有能力进行转变？

在一个公司内，组织变革管理对于任何变革方案的成功都至关重要。不管公司是想实施一种新的业务策略、一种新的开发方法，还是采用新的技术，总会有一些必须解决的组织变革元素。在很多情况下，变革要比采用新技术或实施新策略还具有挑战性。

人们需要明白，为什么变革非进行不可，以及变革会带来哪些提升。著有多本有关组织变革管理图书的作家 John Kotter，列举了以下 8 种在组织变革中常见的错误：

1. 过于自满。

2. 未能创建有力的指导联盟。

3. 低估愿景的重要性。

4. 未对愿景进行充分沟通。

5. 放任障碍阻挠变革。

6. 未能产生快速成果。

7. 过早宣布成功。

8. 变革未能扎根于企业文化。

多年来，我见的最多的错误是公司通常会忽略人力资源部门（HR）在这个过程中的作用。新方案通常需要在行为上有所转变，但是如果 HR 仍然奖励旧行为而不对新的预期行为进行鼓励，那么员工也就没有了转变的动力。

## AEA 案例研究：应对转变

John Stanford 是 AEA 基础设施部门的副总裁。15 年来，他从一个系统管理员努力工作至现在的位置，并且亲自负责了大部分手下的招聘——包括两个直接向他汇报的安全专家。John 团队的许多人都不太支持公司利用云来支撑新平台的计划。他们不断提出安全、稳定性和缺乏控制等有关云的问题。John 管理着所有基础设施的预算，并且正在规划在两年内扩建另一个数据中心以解决现有数据中心接近能力上限的项目。John 很清楚建造另一个数据中心所需的成本和人员数量。对于 John 来说，使用云看起来能解决不少问题，但他应该如何让他的职员也明白这一点呢？

John 开始与其职员逐个进行一对一的谈话，与他们沟通关于云计算的看法。他发现自己的许多职员都担心因此丢掉工作。在 John 说明使用云计算的业务收益时，员工会立刻将谈话的焦点转到私有云建设上，而不管这种部署模式是否是最适合业务的方案。John 意识到他需要提供一套新的奖励措施，换种方式来激励他的员工。所以 John 向他们发起了一个挑战，在接下来的 6 个月内把所有后台应用存档备份的成本降低至 50%。他指示员工们弃用磁带和磁盘备份，将所有这些系统的备份移至云存储解决方案；通过在转变过程中给予员工自主权，以及给予员工能对他们的日常工作产生积极影响的项目，John 提高了团队随时间推移逐步适应的可能性，最终团队里没人再怀念备份磁带和备份设备了。很明显，这种引入云计算的方式，要比强迫开发团队支持公司对云的追求好得多。John 改变了员工的激励因素来获得想要的结果。他将项目与业务目标绑定，使之成为员工目标里一个可以实现的成果。现在轮到 John 继续带领他的团队进行驱动变革了。

在构建和部署本地系统上有长久经验的公司很可能会遇到来自内部的阻力。不管 IT 团队多么优秀，如果在构建软件时没有得到组织的整体认同，那么在云中交付服务就会面临极大的挑战。所以，别忘了解决“How”的问题。

## 4.9　总结

就任何技术的实施而言，在匆忙决定供应商和云服务模式之前，都应先专注于对架构的定义。重要的一点是，技术选择主要由商业驱动力而非技术偏好来决定。在项目初期自问“Who/What/Why/Where/When/How”这几个问题，会有助于在云服务模式和部署模式上做出明智决策。此外，在做出决定之前要了解都有哪些人为的或客观的约束条件。本书并没有给出一个组织回答这些问题的标准流程。表面上看起来我似乎在推荐一种瀑布式工作方法，但其实不是。敏捷实践者们可以用他们喜欢的任意方式来将这些探索工作带入其冲刺中。重点在于，企业应当试着回答这些问题，并且答案应该对设计的决策及最终整个架构起到帮助。

# 第 5 章　选择合适的云服务模式

与其花时间解释，不如赶紧把事情做好。

——亨利·沃兹沃思·朗费罗， 诗人

有一种错误观点，认为某一种云服务模式可以解决所有问题。这就好像在说能用一件工具建造一整座房屋。但事实上，房屋的结构复杂，不同部件需要使用多种不同的工具来进行施工建造。包括混凝土的地基，类似管道、电气和污水的基础设施，墙壁、地板和窗户这样的内部设施，以及房顶、车道和排水沟这样的外部工程等，每个组成部分都有不同的施工需要，因此需要各类不同的工具套装。如铺设车道所需的工具和流程就与安装水管或给地板贴砖有着明显不同。很明显，房屋的建造需要多种不同的技能和工具的组合使用；在整个房子的体系架构中，每一个组成部分都有其不同特点。

在云中构建企业级的软件同样如此。正如建筑工人使用多种不同的工具和技能来建造房子一样，企业也应该选择使用多种不同的云服务模式来满足自身需求。某些公司选定了某一个云提供商，如提供基础设施即服务（IaaS）的 AWS，或者提供平台即服务（PaaS）的 Azure，然后不管是否合适就把所有的方案强行推入该种云服务模式中。本章希望能说明对于每一种云服务模式而言，什么样的使用案例才更合理有效。在了解了每种云服务模式的优缺点之后，公司有可能会同时在这 3 种模式之上部署解决方案。

## 5.1 考虑何时选择云服务模式

我们在第 1 章讨论了各种云服务模式的定义。图 5.1 对每种云服务模式进行了总结。

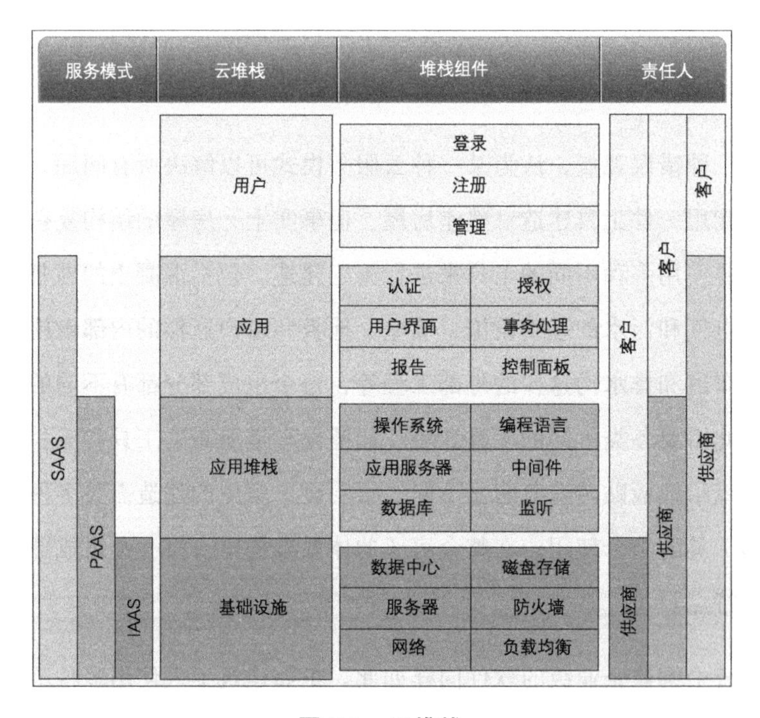


图 5.1 云堆栈

在选择合适的服务模式时，有许多因素需要考虑在内。决策者应该从以下 5 个方面判断每种云服务模式的可行性：

1. 技术

2. 财务

3. 战略

4. 组织

5. 风险

技术指的是性能、扩展性、安全性、监管、业务可持续性、灾难恢复等。性能和扩展性的需求在选择是 PaaS 还是 IaaS 时会起到非常重要的作用。PaaS 最大的优点之一是平台使底层基础架构对开发者透明，开发者从而可以专注于业务需求的实现，而平台负责资源的自动伸缩。由于 PaaS 供应商要负责满足所有租户的扩展需求，所以他们会将单一租户能够请求的资源数量限定在一定范围内。由于这个限额设定得足够高，对于绝大多数应用而言，这种限制都不是一个问题；但是对于有着超多事务量的应用，PaaS 就不能满足性能和扩展性的需求了。正是由于不能指望一个“平台”来实现必须有的资源规模，因此某些访问量在世界上数一数二的网站，如 Facebook、Twitter、Pinterest 都会使用 IaaS 云服务模式。

IaaS 和 PaaS 解决方案都提供了数据库即服务（DBaaS）方案，实现复制、自动伸缩、监控、备份等数据管理工作的自动化进行。不过 DBaaS 的一个不足是缺乏对数据库的控制。我的第一个创业型公司，2010 年 AWS

全球初创企业挑战赛的获胜企业 M-Dot 网络，在 POS 系统的数字激励处理方面有着独特的技术方案。M-Dot 与 POS 供应商合作开发消息代理工具，与 POS 软件进行集成并共同出售。消息代理将购物订单和条目发送到 M-Dot 在 AWS 的云端数字激励平台。数字激励平台将会对收到的数据进行处理，分析出购物者是否符合条件来兑换其数字钱包里的某些商品，然后在亚秒级的响应时间内将相应的兑换消息返回给 POS 系统。对零售行业熟悉的人都知道，POS 系统对服务等级协议（SLA）的要求极高，最不能接受的情况就是因第三方服务问题而造成零售商 POS 系统的运行中断。M-Dot 曾经想使用亚马逊的关系数据库服务（RDS）和亚马逊的 DBaaS 应用程序接口，来享受数据库管理任务的高级功能和自动化操作带来的便利。但由于数据库断线的后果实在太严重，所以我们选择自己对数据库进行管理。结果证明我们做出了正确选择。众所周知，AWS 发生过一些服务中断事件，在某些事件里，RDS 也停止了服务或受到了影响。由于 M-Dot 选择自己对数据库进行管理，所以在 AWS 发生故障时我们没有错过任何一笔 POS 交易——要知道，当时许多知名网站都陷入了瘫痪。当然这也带来了成本问题。我们部署了包括主从冗余和跨区冗余在内的容错方案，在架构设计上投入了大量的时间和金钱。

财务主要指整体购置成本（TCO），这要求我们在计算每小时或每月的云服务费用之外考虑到更多的东西。如果项目侧重于新的应用构建，那么计算 TCO 的工作会相当容易；但是对于将方案迁至云端，或者虽然是新项目但受制于现有遗留架构的项目来说，TCO 的计算工作就会复杂很多。对后者来说，决策者必须对变更和/或整合遗留架构所需的成本进行预估。在很多情况下，迁移至云端都会需要对现有架构进行改造以便能够与新的云服务进行整合，相应地也会产生成本。除了在云中构建新服务所带来的成本之外，可能还会有其他成本，这包括对遗留架构进行再造，员工培训，招聘新员工或顾问，采购工具或服务来支持再造，等等。

战略需求也可能会开始起作用。一个方案越是需要加速上市，决策者选用 SaaS 或 PaaS 而非 IaaS 的可能性就越大,因为相对而言 IaaS 方案仍需要 IT 人员进行大量工作，而前两者中绝大多数的 IT 工作已经由云服务提供商完成。如果控制力是最重要的考虑,那么决策者更有可能会倾向于 IaaS 解决方案，这样对底层基础设施会有更多的管控权；而在 SaaS 或 PaaS 中，基础设施相对于最终用户更多是一种抽象的概念。其他类似整合数据中心、降低成本、率先推出产品、扩展性问题解决、7×24 小时全球销售产品、与合作伙伴供应链集成的商业战略，也都会对云服务模式的选择造成影响。然而，公司在大多数情况下只是基于技术偏好就选了某一个云供应商，驱动云方案实施的业务战略却被完全忽视。

对组织的评估可能也会影响云服务模式的选择。IT 组织是否有能力在云中构建解决方案？如果公司在分布式计算、网页开发和面向服务架构（SOA）领域没有足够丰富的 IT 技能，或许应该更倾向于 SaaS 和 PaaS 服务模式，或找一个能够在 IaaS 上搭建云服务的合作伙伴。要知道，越往云堆栈的底层走，企业员工所需的能力等级也就越高。

最后是风险。公司愿意承受多大的风险？方案多久能交工运行？安全漏洞会造成多大的损害？在获得授权的情况下，政府能否拿走云中的数据？一旦说到风险，就会有数不清的问题要考虑。风险还在很大程度上决定了公司选择公有云、私有云还是混合云。通常，隐私、数据所有权和法规等问题，都会对使用何种云服务模式和部署模式有很大的影响。

每个公司，甚至公司内每一个云项目对这几个方面都有不同的考虑。比如，搭建社交媒体网站的公司在客户自愿发布其照片、视频等个人数据的情况下，可能会对实现大规模支撑和高运行时间的技术需求更为看重，风险问题就放在其次，毕竟社交媒体网站的倒闭不会对任何人的生命造成威胁。另一方面，负责处理医疗索赔的医疗公司很可能把风险这一类问题看得比什么都重要。在下一节，我们会对每种服务模式的使用案例进行讨论，然后看一看 AEA 是如何进行关键决策的。

## 5.2 何时使用 SaaS

软件即服务是 3 种云服务模式里最为成熟的一种类型。早期的实践者们，如 Salesforce.com 已经完善了在云中交付完整的、消费者可以使用浏览器进行网络访问的应用的实现。在 SaaS 中，提供商完全掌控了基础设施、性能、安全、扩展性、隐私等各种事项；供应商通常会向其客户提供两种使用应用的方式。最常见的一种是通过任何联网设备就可访问的网页形式的用户界面；另一种是向其客户提供 API，这样消费者能够将功能集成到他们自己现有的应用或其他 SaaS 解决方案中。

如果能够满足需求并且在可负担范围内，企业应该通过使用 SaaS 来将所有非核心竞争力的应用、功能和服务外包出去。也就是说，如果公司的业务不是编写 HR、工资单、客户关系管理（CRM）和会计软件，首先不应自己开发相关应用；而如果有 SaaS 作为备选方案，则购买和在本地运行这些应用从性价比上来说也并非最优选择。如果保持这些服务运行，则必须购买软件和服务器、管理服务器，然后还要聘请人员来进行打补丁、保障安全，以及完成其他非增值工作，那么有什么必要来自己做呢？

有很多种不同的 SaaS 解决方案。最常见的是 CRM、ERP、审计、人力资源和工资单等企业业务应用。还有一些 IT 基础设施相关的 SaaS 解决方案，处理安全、监控、日志记录、测试等工作。数据类包括商业智能、数据库即服务、数据可视化、仪表板、数据挖掘等。效率类包括协作工具、开发工具、调研、电子邮件活动工具等。

由于 SaaS 提供商要满足许多消费者的需求，所以在通常情况下不会提供像公司自建的应用那样的灵活性。有时候，公司选择构建自己的应用只是因为 SaaS 供应商无法提供自己想要的功能或配置。总之，在公司打算自建应用之前，应该想一想 SaaS 提供商能替客户完成哪些工作，并将其计入整体拥有成本中：

- 提供商负责安全升级和打补丁。
- 提供商管理所有的基础设施和数据中心。
- 提供商通常会对绝大多数手机和平板电脑提供移动兼容性。
- 提供商在所有主流浏览器和版本之间提供兼容性。
- 提供商通常会升级功能，并且不会造成用户体验的中断。
- 提供商管理数据库，包括容量规划、备份恢复等。

在公司决定自己编写应用程序之前，应该按照自行开发的TCO比较出SaaS工具所不能提供的功能特性的价值，然后再与“将资源转移至另一个项目”或“缩减资源数量以降低成本”这些方案可能造成的机会成本进行对比，进行综合考虑。一旦公司构建了应用程序，就必须持续投入来紧跟技术趋势和修正漏洞。但技术的发展日新月异，公司能够继续投入宝贵的IT资源来升级遗留应用程序使之在下一代新的手机或平板电脑上正常工作吗？当下一代社交媒体宠儿，如Pinterest凭空出现时，公司能快速做出反应与之进行整合吗？为了能跟得上技术的发展趋势，公司必须投入大量资源来不断对应用进行升级。但在跟随技术变革上花费的时间每多1小时，公司在构建下一代新型产品或缩减成本的时间上就少了1小时。

## AEA案例研究：SaaS使用案例

让我们在图5.2中换个角度看AEA未来在PaaS平台的业务架构。

以下是Jamie在第4章收集到的一些约束条件（按我们前面所说的方式整合成五大类）：

1. **技术。**支持来自第三方的动态流量负载，提高安全性。

2. **财务。**缩减基础设施成本。

3. **战略。**通过与第三方进行集成，提高收入。

4. **组织。**缺乏云和SOA技能。

5. **风险。**必须快速投放市场（6个月）。

渠道伙伴
应用商店
开发者
联盟网络
接触点
网页
移动端
社交
API层
业务流程
创建内容
展示内容
拍卖产品
履行订单
处理付款
向卖方
支付
买方服务
我的购物车
退货
配送
付款
卖方服务
目录
库存管理
广告
应用商店
普通商业服务
搜索
交易
注册
账户管理
公用服务
安全
事件
提醒
社交
连接器
企业系统
ERP
财务
CRM

图 5.2　业务架构

Jamie看着这些约束条件，很明显，速度很重要。整个方案的投资回报情况都基于一个激进的时间框架。时间是架构设计的主要约束条件。而如果项目逾期完工，还会有机会成本的风险，因为团队成员已经在按要求减少基础设施数量。另一个重要的约束条件是技能的缺乏。以下是Jamie对架构受到的约束条件的整体评估：

我们完成这个重点项目并将之推向市场的时间非常有限。在现阶段，我们还缺乏足够的技术能力，而且我们还需要找到以更少的硬件实现产品市场化的方法。

Jamie认为，基于现有的条件限制，他需要评估出在业务架构范围内能够利用哪些SaaS解决方案来跳出约束，解决问题。根据之前的研究，他知道那些非核心竞争力的方面都可以尝试使用SaaS方案。在对业务架构进一步梳理之后，他写下了几个可以考虑SaaS方案的组件，然后让他的团队去调研和验证：

**API层。**他的团队在云中表述性状态转移（RESTful）的API编写方面经验有限。他们需要对多个第三方提供支持，也就意味着要支持多个堆栈，管理API的流量性能，快速与新的合作伙伴进行集成，如此等等。一个API管理的SaaS工具看起来会是不错的选择。

**我的购物车。**市场上有不少购物车SaaS方案可用。

**支付。**如果将支付功能交给一家通过支付卡行业数据安全标准（PCI DSS）认证的SaaS方案来实现，整个平台将无须进行PCI DSS审计。这将节约大量的时间和金钱。

**公用服务。**所有的公用服务都适合使用 SaaS，因为它们并非核心竞争力。但它们也可能是由 PaaS 或 IaaS 方案来实现的。

**企业系统。**鉴于 ERP、财务系统和 CRM 系统都并非核心竞争力，并且内部管理它们也不会带来附加的商业价值，所以它们都适合选用 SaaS。它们都不属于（与第三方进行整合的）第一阶段的关键任务，但却会在实现减少基础设施的目标上起到重要作用。

## 5.3　何时使用 PaaS

PaaS 是 3 种云服务模式中最不成熟的一种。第一代 PaaS 解决方案，如谷歌、Force.com 和微软 Azure，都要求买方使用某种特定的编程语言，并在服务提供商的基础设施上运行。初创企业或小型公司或许还能接受这些约束条件，但是对于大型企业而言，情况就完全不同了。大型企业通常是有着多种不同的系统架构、技术堆栈和应用需求的复杂组织。编程语言和基础设施的灵活性不足，使许多大企业失去了对 PaaS 的兴趣，并因此减缓了 PaaS 的采用过程。在过去的几年里，新一代 PaaS 服务提供商陆续出现。他们看到了解决大企业客户需求所代表的机会。不少新型 PaaS 提供商现在支持多种堆栈，还有一些允许将 PaaS 软件部署在服务消费者自己选择的基础设施之上。除了这些新型 PaaS 服务提供商之外，许多最初的 PaaS 服务提供商现在也开始支持更多的语言，如 Ruby、PHP、Python 和 Node.js

等。Cloud Foundry 和 Openshift[①]是目前受到很大支持的两个开源项目，能部署在任意的基础设施之上。开源云解决方案的优势之一就是，相对于商业供应商停止业务运营之后服务消费者只能尽快迁移至另一个平台的情况，服务消费者在开源方案下对软件有足够的控制权，可以随意使用相关的平台。

公有的 PaaS 服务提供商管理底层的基础设施、网络、存储设备和操作系统。像每月的安全补丁、日志、监控、扩展、故障转移及其他系统管理相关的任务都由供应商负责，所以开发者可以专注于构建云端应用。

私有的 PaaS 服务供应商不像公有的 PaaS 提供者那样提供基础设施的抽象服务。私有的 PaaS 使用户能够在私有云和公有云（混合云）上都进行 PaaS 软件的部署，但也因此要求服务消费者来管理应用堆栈和基础设施作为牺牲。

PaaS 供应商的平台由多名客户共享。为了管理每名客户的性能、可靠性和可扩展性，并确保一名客户产生的高负载不会影响另一名客户的性能感受，PaaS 供应商会对开发者强行施加不同的限制条件。这些限制有时候也被称为节流（throttling），使平台免受单个客户导致的负载过重的影响，同时也对所有的客户起到保护作用。大多数供应商对单一用户的带宽进行

---

① 随着 2013 年 Docker 容器技术的问世和流行，CloudFoundry 和 OpenShift 分别以不同的方式进行了产品的升级，以兼容和支持容器技术。其中，OpenShift 的 V3 版本基于 Docker 和 Kubernetes 的技术进行了重构，并引入了强大的用户界面；在 2018 年完成对 CoreOS 的收购后，在 2019 年又发布了 OpenShift V4 版本，向下实现了基础设施的自动化管理，可以说代表着全栈融合 PaaS 时代的到来。——译者注

节流来避免网络冲突和拥堵。某些 PaaS 供应商对 CPU 的使用进行节流来降低数据中心的热量并实现节能。其他基于固定消费数量（如存储块数）定价的 PaaS 供应商在客户使用完所有已付款资源时，会通过限制客户访问的方式进行节流。开发者必须清楚他们所选择的平台的限制，并做出对应的设计。

许多 PaaS 服务提供者通过对客户的数据库操作进行节流来保障平台的正常运行和其他客户的正常使用。开发者必须将此考虑在架构设计之内。一种方式是捕捉这种类型的错误并不断尝试直到成功；另一种是在调用数据库之前将工作单位分解成更小的块。这些技巧在应对带宽限制时也能派上用场。但对于一些应用来说，围绕节流进行设计会给处理时间带来不可预期的延迟，或者可能会影响应用的质量和可靠性。如果是这样，PaaS 可能就不是一种适当的服务模式，而应选择 IaaS 进行替代。也就是说，对于有着海量数据的网站或处理大量数据的高度分布式应用而言，PaaS 通常不是一个好的选择。

但也不是每个应用或服务都有着类似流媒体视频公司 Netflix 或流行社交网站 Twitter 这样极端的处理需求。许多工作流驱动的 B2B 类型的应用都是 PaaS 主要的适用场景。在典型的工作流中，产品会从订单开始，在一个可重复的流程中步步推进，直至得以生产、销售、装运和验收。Dell 就曾使用 Salesforce.com 的一个叫作 Force.com 的平台，与超过 100 000 名渠道合作伙伴实现了 10 亿美元的销售机会登记，所以说 PaaS 方案也能够很好地支撑扩展。

## AEA 案例研究：PaaS 的使用案例

现在，Jamie 已经明确了架构中的哪些组件适合使用 SaaS，剩余的组件也都需要进行开发。他现在正在判断剩余的组件哪些可以使用 PaaS，这样他们就可以在无须管理基础设施和应用堆栈的情况下，快速推出产品。Jamie 对当前的页面流量进行了评估，并对未来的页面流量进行了预测。基于这些数字，他认为一个 PaaS 能支撑他们接下来的两年内的页面流量，但是可能无法应付第三年时猛增的负载。当然，鉴于现在还没有选定供应商，相关的假设还需要进行验证，所以一切都还处于设想中。但是不管怎样，Jamie 需要在快速进入市场的短期目标与扩展至 eBay 等级的长期目标中做到平衡。

Jamie 决定借助 PaaS 来负责卖方组件，因为卖方的活动会比买方带来更少的流量。卖方创造内容并且管理他们的产品目录，而买方却在拍卖和浏览产品的同时产生了百万级别的事务。Jamie 快速记下了适用于 PaaS 的组件：

**卖方服务。**数据量较低，客户数适中。

**移动触点。**团队的移动开发经验极少，但是需要针对许多不同类型的手机和平板电脑进行开发。一个适当的移动开发平台能够加速开发流程，降低整体开发工作量。

**社交触点。**衡量不同社交触点的影响可能会是主要工作之一。一个高效的社交营销平台能消除大量的工作，使团队进行更深入的分析和活动管理。

**公用服务。**虽然 PaaS 可能会提供安全、事件触发、通知等服务，以及一些能够连接到主流社交网站的 API；但还需注意到，买方服务将会运行在 IaaS 之上并借助 IaaS 平台提供的公用服务。团队需要再花些力气认真调研，判断他们是应该使用 IaaS 供应商提供的单独一套公用服务，还是在 IaaS 层面也能够使用 PaaS 供应商提供的公用服务。

Jamie 决定，如果 PaaS 和 IaaS 的公用服务可兼容，并且卖方和买方在安全、通知、社交等方面的用户体验一致，那么同时使用 PaaS 公用服务和 IaaS 公用服务就是可接受的。毕竟，有些卖方也是买方。但如果不管什么原因，IaaS 和 PaaS 公用服务之间的差异导致了用户体验的不同，那么在 PaaS 之上构建的应用就不得不调用底层 IaaS 的 API。注意：Jamie 这时还没决定是选用公有云、私有云还是混合云。如果他们选用公有云，那上面的问题就不是问题，因为公有的 PaaS 也会对 IaaS 层的内容负责；而如果他们使用的是私有的 PaaS，那么 AEA 自己就要负责 IaaS 层的事务了。

## 5.4 何时使用 IaaS

如果一个应用或服务有着性能或扩展性的需求，要求开发者管理内存、配置数据库服务器和应用服务器，以最大化吞吐量，明确数据如何在磁盘锭（disk spindle）之间分布和控制操作系统等，你就应该选择 IaaS。如果无须考虑这些事务，或许 PaaS 更适合你。

在 M-Dot 网络的示例中，我们每分钟需要从零售商的 POS 系统向云端提交 100 万个事务数量，并在亚秒级的响应时间内得到反馈。为了完成这些工作，我们肯定不能被云供应商限制节流，同时我们也必须对操作系统、应用服务器和数据库做出一些调整来达到预期的吞吐量。

另一个因素是成本。PaaS 能够降低搭建和部署应用的工作量和资源数，从而大幅降低成本。但是，如果数据的规模过大，达到数十 TB，或者所需的带宽、CPU 也远远超过正常水平，那么 PaaS 的现付现用模式也会变得极为昂贵。截至 2013 年 3 月 5 日，亚马逊已经 26 次降低其 EC2（动态计算云）的价格，其他供应商也相继降价。随着时间的推移，IaaS 的成本可能会变得非常低，PaaS 提供者为了竞争可能会不得不跟进降价。[①]

另一个使用 IaaS 而非 PaaS 的原因与降低故障的风险有关。当 PaaS 提供者出现服务中断时，客户只能坐等提供者修复问题，重新恢复服务上线。SaaS 解决方案也是如此。但是在 IaaS 下，客户能够对故障进行架构设计，跨越多个物理或虚拟数据中心构建冗余服务。AWS 在近几年已经出现几次广为人知的服务中断，一些大型的网站如 Reddit、Foursquare 等也都出现了服务暂停。但是，许多其他网站却因为跨区冗余的存在而规避了相关影响。在 AWS 出现服务中断的大多数情况下，服务运行其上的 PaaS 提供商 Heroku 也受到了影响。很不幸，Heroku 的客户只能在 AWS 和 Heroku 都

---

① Amazon EC2 提供免费试用，具体实例有 5 种付费方式，分别是按需实例、Savings Plans、预留实例、Spot 实例，以及专用主机。例如，在 2020 年 5 月 16 日，配置为 1VCPU、2GiB 内存、Linux/UNIX 的实例最低价格为每小时 0.0255 美元。——译者注

恢复正常时才能正常运行。但确实有许多 AWS 客户能够并且已经规避了 AWS 服务中断带来的不利影响。

朝着 SaaS 的方向沿堆栈向上，我们面向市场的速度将会提高，所需的人力资源和运营成本也会变少。而朝着 IaaS 的方向向下，我们就能对基础设施有更多的控制力，更有可能避免供应商的服务中断或快速从中恢复。

## AEA 案例研究：IaaS 使用案例

所有剩余的组件都适合使用 IaaS。Jamie 已经确定未来的交易数量太高不适合使用 PaaS，并且他相信即便使用 IaaS 会带来更多的工作量，也能按期完成任务。以下是他列出的将会运行在 IaaS 上的组件。

**买方服务**。高容量，上百万的客户。

**业务流程**。工作流会构建在 IaaS 之上，但是会调用处理支付（SaaS）和向卖方付款（与银行集成）的服务。

**公用服务**。借助 IaaS 的公用服务。

**通用商业服务**。由买方和卖方共享的大容量服务。

## AEA 案例研究：云部署模式

Jamie 下一步要调研的内容是，AEA 更适合使用哪种部署模式。在与产品经理和其他业务、IT 利益相关者进行会议沟通之后，Jamie 对部署模式写下了这些笔记：

- 鉴于选择了 SaaS 供应商进行支付，并借助银行向卖方划拨资金，现在无须考虑 PCI DSS 的合规问题。
- 有限的 PII（个人验证信息）数据数量，用户在注册时就接受了条款和条件。
- 卖方可能位于美国国土之外，对公有云的数据存放有顾虑。
- 公有的 PaaS 和 IaaS 有服务中断的风险。
- 需要减少基础设施的数量。
- 需要尽快推向市场。

需要考虑的事项很多，但绝大多数都将结果指向了使用公有云。由于平台无须严格的监管，并且急需快速推向市场，所以公有云的选择显得特别具有吸引力；不过 Jamie 仍然有一些顾虑，其一是公有云可能会吓走国际上的第三方；另外是如何应对云服务提供商的服务中断。通过调研，他知道如果使用另外一个类似 AWS 的公有云服务，就可以在 AWS 服务中断时仍保持服务正常运行，但是这需要在冗余和失效转移上进行巨额投资。他还知道，如果公有 PaaS 出现服务中断，他就完全只能依靠提供商进行故障恢复了。但不管怎样，如果 PaaS 出现故障，只有卖方服务受到影响，拍卖还可以正常运行。唯一的影响是新产品不能上架，但是销售还可以继续。Jamie 暂时接受这个风险。

从长期来看，Jamie 认为混合云的方案会是最好的选择。在混合云的方案下，Jamie 可以将所有重要数据保存在本地系统中，从而可以对更多的国际合作伙伴形成吸引力。他可以在本地运行基本的工作负载，然后利用公有云应对流量的突然爆发。另外，公有云和私有云又可以对彼此提供失效转移。也就是说，他可以使用一种既在私有云又在公有云上运行的混合 PaaS。

然而，Jamie 的时间却不是很多，交付日期固定，压力巨大。构建私有云方案要比公有云方案复杂得多，也不符合减少基础设施数量的目标。Jamie 设定了项目执行的路线图，在头 6 个月将只选择公有云，并且公有云方案必须包括跨虚拟数据中心的冗余。为了使他在第二年交付私有云并增加服务器的计划说得过去，他还建议将 CRM 和 ERP 系统迁移至 SaaS 方案，这样在硬件和软件许可证方面就都会减少大量的基础设施成本。

Jamie 的决定对他的公司而言具有唯一性；这些决定是商业案例、时间约束、组织的准备程度以及个人知识和他所在行业与客户经验各方面影响的综合结果。选择没有正确或错误之分。Jamie 本可以选择在私有云上完成整个方案，或者完全部署在公有的 PaaS 之上，也都可能获得成功；但在权衡各种约束情况之后，Jamie 在已有信息下做出了一个最优决定。

## 5.5　常见的云使用案例

对于初创企业和新建应用而言，整个应用都在云中搭建是很常见的事情。对于运营已久的企业而言，更现实的情况是只在云中部署某些组件。下面是当今企业借助云来对现有架构进行补充的一些常见使用案例。

## 云爆发

许多组织选择借助云来应对流量的陡增。他们可能在自己的数据中心里也运行着应用程序，然后选择由云服务提供者提供额外的能力，而不是自己投资物理基础设施来满足访问峰值的需要。在假期要应对季节性突发的零售商，或者一年里大多数时间流量不多但在报税季节要经历巨量峰值的纳税申报公司，都是典型的享受到云爆发好处的公司。

## 存档/存储

一些公司发现使用云存储能够缩减存档和存储成本。传统的存档策略包含一些基础设施和软件，如备份磁带和硬盘设备、各种类型的存储媒介、运输服务等。现在公司可以排除所有这些物理组成，借助可以通过脚本自动化执行的云存储服务。在云中存储的成本要比在物理存储介质上便宜得多，并且数据检索的处理也要简便得多。

## 数据挖掘和分析

云是按需处理大量数据的好地方。随着磁盘变得越来越便宜，组织现在存放的数据比以往任何时候都要多；公司存放多个 TB 甚至 PB 信息数据的情况越来越常见。对于本地系统而言，由于处理所有的数据需要大量额外的基础设施，所以对大规模数据进行分析开始成为一种巨大的挑战；更糟的是，对这些大量数据集的分析通常都是临时需求，这意味着如果没人提出需求的话，基础设施在大多数时间内都将闲置无用。

将这类大数据的工作负载移至公有云中就会体现出明显的经济性。在公有云中，可以仅在有需要时才进行资源的配置。这样，通过部署按需使用的云模式，在物理基础设施和系统管理方面都能获得巨大的成本节约。

### 测试环境

许多公司希望云能提供测试和开发环境以及其他非生产性环境。在过去，IT 部门必须在本地维持大量的测试和开发环境，相应地就需要长期的补丁升级和设备维护。但大多数情况下，当工作人员处于非工作状态时，这些环境也处于闲置状态。另一个问题是，测试和开发人员经常遇到环境有限、不得不与其他团队共享使用的情况，这也对测试和开发提出了一些挑战。

为了解决上述问题，许多公司都在创建一些新的流程，使测试和开发人员可以在云中按需自行配置测试和开发环境。这种方法减少了管理员的工作量，提高了测试和开发人员将产品推向市场的速度，不使用时关闭环境也可以降低成本；而测试人员因为可以在云中配置更多资源来模拟巨量的流量峰值，所以可以完成更好的性能测试。在本地模式中，受限于数据中心里物理硬件的数量，这是无法做到的。

当然，云计算的使用还有更多其他的案例。本章的重点在于，在云中搭建服务并非一种要么全有要么全无的事情。企业在自己的数据中心和一对多的云中部署一种采用混合方案的架构是完全可以接受的，并且是非常常见的事情。

## 5.6　总结

无论哪种云计算方案，对云服务模式和部署模式的选择都非常重要。

业务驱动因素、约束条件及客户影响等，这些都构成了企业制定决策的先决条件。另外，在决策之前，建议先回答第 4 章提到的 6 个架构问题，并对业务架构的每个组件进行设计考虑。我们从 Jamie 的决定中看到，他制定了一张以混合云为未来目标的路线图，而这与最初选择的公有云服务有着明显的区别。由于他知道未来的状态是混合云的方案，所以他很清楚一开始就应该使用一种混合的 PaaS 方案；但假如他从未对将来进行规划，那么他很可能会选择一个公有的 PaaS，然后在需要迁移至混合云方案时受到这个公有的 PaaS 的牵制。这个故事的意义在于，我们应该预先对整体的业务问题随时间推移可能所处的环境进行判断而不仅仅着眼于即时的需要。

# 第 6 章　云的关键：RESTful 服务

> 生命就是一个分布式对象系统。而人们之间的交流就是一个分布式超媒体系统，理解力、声音+手势、眼睛+耳朵，以及想象力这些都是组件。
>
> ——罗伊·T·菲尔丁，REST 提出人

从很多方面来说，表述性状态转移（RESTful）服务对云方案来说都是关键的组成部分。首先，在云中搭建服务时，人们通常会在一个基础设施即服务（IaaS）或者平台即服务（PaaS）之上进行搭建，或者与一对多的软件即服务（SaaS）产品进行整合。所有这些云服务提供者都会对外暴露自己使用 RESTful 服务的应用程序接口（API）。此外，云是一种把以许多不同技术堆栈编写的、来自许多不同公司的、许多不同服务连接起来的异构的生态系统，为了能使各服务之间可以轻松实现连接和协调工作，这些底层堆栈和协议的复杂性应该从业务逻辑中分离出来。

这个概念在实际应用中的一个典型例子是，我们可以非常轻松地接入Facebook、Twitter、Pinterest 和其他各个社交媒体的社交媒体功能；在这些广泛使用的API之下是各种迥然不同和异常复杂的系统。这些大规模系统包含了多种程序堆栈、多种数据库技术，以及多个用于整合、缓存、排队、事件处理等操作的技术。服务的美感在于所有这些复杂性对作为开发者的我们来说都被屏蔽了，而且毫不夸张地说，我们可以在几分钟内将其与我们的应用和服务进行连接，在对底层技术如何运行毫不知情的情况下使用所有这些美妙且复杂的功能。这就是敏捷的最高境界。

之所以说RESTful服务是云方案的关键组成部分的第二个原因，与许多用户如今用于消费信息的接触点有关。过去那种针对单个接触点构建不同系统的时代已经过去了。现在更流行的方法是借助同样的服务构建多个用户界面（网页、手机、平板电脑等）并时刻保持同步。因为我们的用户在设备和浏览器之间进行切换，如果每个接触点显示不同的结果集，那么就会造成用户的流失，所以我们也必须这样构建系统。使问题变得更简单的是，有些新公司提供了一种移动平台，在开发者搭建单一的用户界面（UI）之后，平台会把代码转换成不同的手机和平板电脑用户适用的界面。还记得我刚刚说到的敏捷吧？

第三，也是最重要的，云基础设施是虚拟化的和动态的，即资源以一种弹性的方式增减，每一块云基础设施都有可能会出现问题。云的设计里包含了容错的概念，因此有任何节点失效的话，系统能够以一种降级的模式或者没有任何性能减退（有其他可用节点来替换失效节点）的情况，继续自己的运行。为了利用容错的云基础设施，软件必须也以容错的方式进行设计。而为了完成软件的容错，软件与基础设施必然不能是紧耦合的关系。而在云中编写松耦合软件的关键办法之一就是将应用的状态存放在客户端而非服务器端，这样就打破了硬件和软件之间的依赖性。这种概念是构建 RESTful Web 服务的核心原则。

本章将会说明为什么在构建云架构时 REST 如此重要。我们还会对将遗留应用迁移至云端可能会面临哪些挑战以及如何应对进行讨论。

## 6.1　为什么是 REST

在进一步讨论之前，我们不妨先对 REST 有一个更深的认识。REST 架构方法的创始人 Roy Fielding（罗伊·菲尔丁）博士思考了这样一个问题，作为一个高度分布式的、有着大量独立资源的网络，在对运行其上的任意服务器的任意资源一无所知的情况下，互联网是如何完成协同工作的？然后，Fielding 通过声明以下 4 个主要的约束，将那些相同的概念应用到 REST 上：

1. **区分资源和表述**。资源和表述必须是松耦合的。例如，资源可能是数据存储或代码块，而表述可能是 XML、JSON 结果集或者 HTML 页面。

2. **通过表述来操作资源**。如果客户端有权限的话，则一个对附带任何元数据的资源的表述，都提供了足够的信息来修改或删除服务器上的资源。

3. **自描述消息**。每条消息都提供了足够多的信息来描述如何处理消息。例如，“Accept application/xml”命令就告诉解析器把 XML 当作预期的消息格式。

4. **以超媒体作为应用状态的引擎（HATEOAS）**。客户端只通过超媒体（如超链接）与应用程序进行交互。表述反映了超媒体应用的当前状态。

让我们逐一了解这些约束。约束一，通过将资源和其表述进行区分，我们能够对服务的不同组件单独进行扩展。如照片、视频或某些文档之类的资源，可能会分布在一个内容分发网络（CDN）上，而 CDN 会在一个高性能的分布式网络上对数据进行复制来保证访问速度和可靠性；相应地，资源的表述会告诉应用该去检索什么资源，表述可能是一个 XML 消息，也可能是一个 HTML 页面。即便资源是由第三方内容分发网络供应商（如 AT&T）进行托管，HTML 页面也可能运行在一个 Web 服务器农场之上，而服务器农场又覆盖了亚马逊公有云的多个区的多台服务器。如果资源和表述都不遵守既定约束，这种布置方式是无法达成的。

约束二，通过表述来操作资源，主要指资源数据（假设是 MySQL 表中的一个顾客行）只有在客户端发送了具有足够信息（PUT、POST、DELETE）的表述（假设是一个 XML 文件），并且具有权限（意味着在 XML 消息中指定的用户具有适当的数据库权限）时，才能在数据库服务器上进行修改或删除。另一种解释是，在假定请求具有适当证书的前提下，表述应具有向资源提供者发出变更请求所需的一切。

约束三简单地说是指，消息必须包含对如何解析数据进行说明的信息。例如，Twitter 有一个可供公众免费使用的 API 扩展库。由于对于 Twitter 的架构师而言，最终用户是无数未知的实体，他们必须支持多种不同的方式，使用户来检索数据。他们既支持 XML，也支持 JSON 作为他们服务的输出格式。他们服务的消费者必须在自己的请求中描述他们收到的消息是什么格式，这样 Twitter 知道该使用何种解析器来解读收到的消息。如果没有这种约束，Twitter 将不得不为每个服务针对每种不同的客户请求格式开发新版本。而有了这种约束，Twitter 可以很简单地只是按需添加解析器，维护自己服务的单一版本就行了。

HATEOAS 是最后一个也是最重要的约束，也是 RESTful 服务可以在不将应用状态保留在服务器端的情况下工作的原因所在。通过以超媒体作为应用状态的引擎（HATEOAS）的使用，应用状态会由一系列在客户端的链接——统一资源标识符（URI）——进行表述，就像通过跟随 URL 来访问一个站点的网站导航一样。当资源（如服务器或连接）失效时，在服务器端恢复工作的资源会从之前失效资源的 URI 开始，然后恢复处理。

打个比方，HATEOAS 的工作方式就像汽车里的 GPS 导航仪。在导航仪上输入一个最终的目的地，应用将会返回一个指示列表。你会按照指示启动行驶，并在下一条指令的指挥下转向。如果你停车吃了个午饭或者熄火灭车，当你恢复行车时，在旅行列表里余下的指示会准确找出你中断的位置。REST 通过超媒体进行的工作原理正是如此。一个节点失效就好比你灭车休息，然后另一个节点找出失效节点的中断位置，就像是重新发动汽车和导航仪。这样是不是清楚一些？

在云中构建解决方案时，REST 的 4 个约束为什么如此重要？这是因为，就像互联网一样，云也是进行了容错设计的、由独立资源构成的巨大网络。遵循 REST 的约束，运行在云中的软件组件就不会对可能随时发生故障的底层基础设施具有依赖性。而如果没有遵循这 4 个约束，那么就会对应用程序的扩展和失效转移至下一个可用资源的能力产生各种限制。

正如任何一个架构层面的约束一样，REST 也意味着要进行权衡。在架构中置入的抽象组件越多，架构也就越灵活和敏捷，但也要付出一定的代价。正确搭建 RESTful 服务需要花费较多的前期时间，这是因为构建松耦合服务的设计过程会相当复杂。另一个取舍点是性能。抽象会带来额外的开销，从而影响性能。可能会有一些使用案例对性能需求远超 REST 带来的收益；针对这种特定的使用案例，可能会需要另一种方法。还有其他一些设计问题需要了解，我们在下一节进行阐述。

## 6.2 将遗留系统迁移至云端面临的挑战

公司在决定将应用从本地迁移至云端时面临的挑战之一，就是它的许多遗留系统都对 ACID 事务有依赖。ACID（atomicity, consistency, isolation, durability；即原子性、一致性、隔离性和持久性）事务用于确保一个事务的完成和一致性。在 ACID 事务中，一个事务只有在提交并且数据更新之后才算完成。在本地环境中，数据可能只绑定在一个分区之上，一致性得到完美执行并且通常也是首选的办法。而在云中，情况就完全不一样了。

云架构依靠的是 BASE（Basically Available, Soft State, Eventually Consistent；即基本上可用、软状态、最终一致性）事务。BASE 事务认可资源可能失效，但数据最终将会变得一致的方式。BASE 通常用于一些不稳定环境下，如节点可能会发生故障，或者无论用户是否实现网络接入系统都需要运行等。鉴于随着移动互联网的普及，连接随时可能出现断断续续，这种架构方式显得尤为重要。

回到遗留系统的讨论，遗留系统通常依靠 ACID 事务，即在设计时就以运行在单一分区为目的、和预期数据保持一致性。云架构要求分区容错性，意味着如果计算资源的一个实例不能完成任务，将会调用另一个实例来完成工作。最终，差异会得到调节，美好的生活得以继续。然而，如果一个具有 ACID 事务属性的遗留系统进行了移植，并且没有进行修改以应对分区容错的问题，系统的用户将不能得到已经习惯的数据一致性，并将对系统的可靠性提出质疑。架构师必须负责调和这种矛盾，这没什么好说的。在零售业，他们称之为“对账”（balancing the till），即确保一天结束之后钱箱里的现金与收据一致的一种说法。但是许多遗留应用的设计并不支持对最终一致性的处理，而没有解决这个问题就只是简单移植到云端的话，会导致最终用户体验的明显降低。

那么，市场上那些已将自己的遗留应用变更为所谓“云支持”应用的大型供应商又如何呢？绝大多数这些重新更名的“恐龙”企业实际上还是运行在单个的分区之内，并不具备类似快速弹性和资源池等云系统的特征。其中的大多数只不过是运行在托管设备的虚拟机之上的较大型的、整体的遗留系统，与真正的云应用完全不同。因此，架构师必须仔细研究这些供应商的解决方案，确保他们不是一些兜售万能灵药的贩子。

目前还出现了一些供应商提供云迁移的服务。需要留意这些方案只是将遗留架构原样进行移植。也就是说，如果遗留应用只能以单一租户的模式运行，那么就无法利用云所具有的弹性特征。对某些应用而言，这样移植到云端未必能带来什么实际收益。

## 6.3 总结

对云计算解决方案进行架构设计，首先要求对云是如何工作的有深入的理解。为了构建能够弹性扩展的方案，架构师在设计时必须预期到失效是一种常态。云基础设施专为高可用性进行设计，本质上就具有分区容错。将单区应用迁移到云端，更像是一种托管方案而非可扩展的云方案。在这个“高可用但最终一致”的世界，成功的秘密就是构建无状态的、松耦合的、RESTful 服务。架构师必须接受这种构建软件的方法，来充分利用云所提供的弹性。

# 第7章 云中审计

地球表面三分之二是水，三分之一是总部派来的审计师。

——诺曼·R·奥古斯丁

过去，拥有数据的公司会把数据存放在自己掌控的防火墙之后；由公司负责周边的安全、加固基础设施和保证数据库的安全；也会有审计师来到现场对流程和控制进行检查，然后对整体的安全性做出评估；而如果任何政府部门想要获取数据以进行调查，就必须先经过公司的同意。所有这些工作的前提是拥有数据的公司要有掌控权。说这么多并非想要证明这样数据就是安全的；而是说，保护数据安全是公司的责任。

在云中存储数据则完全不同。现在公司与云服务提供商（CSP）共同分担了责任，并且云堆栈越往上，CSP 要承担的责任就越大。在某些方面，这是一件好事情。既然 CSP 的核心竞争力包括安全和合规在内，为什么不让他们来处理一些有关安全和加密数据、加固环境、管理备份和恢复流程的烦琐工作，以及各种其他的基础设施相关的任务呢？要知道，将安全和合规交由 CSP 分担并不意味着公司不再负有相关责任；而只是代表 CSP 会提供安全和合规的云服务，而保护整体应用安全的仍然是公司。不过当安全和合规的责任共享时，对整个解决方案进行审计将会变得更加复杂。现在审计必须发生在多个实体之上：云服务消费者和云服务提供者。

本章将要讨论的内容包括云安全、审计人员对云应用的关注点、常见法规的简要回顾，然后会提及应对云服务审计的不同设计策略。

## 7.1 数据和云安全

多次的研究和调查数据一致表明，云端的安全问题是企业和 IT 人员的最大顾虑。有些顾虑很合理，但有些却只是因为假设和害怕。IT 人员已经习惯了自己掌控数据和系统。对很多人来说，让别人管理关键数据是一个全新的概念，第一反应肯定是假定这样会超出自己的控制，可能会不安全。Alert Logic 在 2013 年春季发布的一篇调查报告给出的结论如下[①]：

- 云本身在安全性上并不比企业自己的数据中心差。
- CSP 环境下的攻击倾向于机会性犯罪，而企业数据中心里的攻击则目标更明确，也更有经验。
- 在云和企业数据中心里，Web 应用受到威胁的机会均等。

---

① Alert Logic 在 2018 年发布的 *Critical Watch Report* 中表示，随着越来越多的组织将基础设施和业务迁移至云端，安全策略显得尤为重要。其中混合云环境会对组织的安全工作提出更大的挑战。在网络攻击中，通过 Web 应用发起的攻击仍是最常见的方式。——译者注

这份报告告诉我们，不管数据存放在什么地方，都会面临网络威胁。更有意思的结论是，同样是外部威胁，企业数据中心里的穿透成功率要比在 CSP 环境下大得多。考虑到安全是 CSP 的核心竞争力，这样的结论并不会使人太吃惊——世界级的安全能力是很多 CSP 能够开展业务的基础条件；显而易见，许多企业并不具备构建世界级安全数据中心的资源和技术能力。

从上面的这些信息可知，或许还会心有疑虑，但架构师和产品经理没必要再继续担心数据在云中是否安全的问题，而应该专注于那些有关审计、法律和合规问题、客户需求，以及风险等真正的问题与约束。

## 7.2 审计云应用

审计人员的职责就是确认其委托人充分履行了一系列控制和流程，满足由适用法律所规定的相关约束要求，从而可以获得相应的认证标识。现在有着各种各样不同的法规；对公司来说，为了明确哪些法规对自己适用，应该对行业标准、企业流程和数据要求有着充分的认识。在与 IT 系统打交道时，审计人员（在有必要时）从以下几方面对流程和控制进行验证：

- **物理环境**。边界安全、数据中心控制等。
- **系统和应用**。网络、数据库、软件，以及其他诸如此类的安全和控制。
- **软件开发生命周期（SDLC）**。开发、变更管理等。
- **员工**。背景核查、药物检测、安全调查等。

云计算出现之前，审计人员可以与客户一起，将员工和物理基础设施的情况对应到将要审计的不同控制和流程中。不管物理数据中心位于客户资产内还是托管在第三方设施中，审计人员都有权利进入其中；并且无论在哪种情况下，审计人员都可以随意指出一台物理机，检查数据中心的物理安全性。云的情况就不是如此了。某些控制和流程现在对应的是 CSP 而非个人。在这种情况下，审计人员必须依赖于 CSP 所发布的审计信息，这也是为什么在云中合规具有如此高的优先级别。一个没有合规证明的 CSP 可能会使其顾客无法通过审计，也正是因为如此，有些公司会倾向于构建私有云。这些公司希望对数据、流程和控制有着绝对的控制力，并且不会在安全、隐私和法规方面对别的公司产生依赖。但实际上，在很多情况下，如果由得到认证的 CSP 进行某些应用功能的管理，企业可能会轻松得多，成本效率也高得多。

公有的基础设施即服务（IaaS）环境是一个多租户环境，即由多个顾客分享计算资源。IaaS 提供商有义务保护所有租户的权利，所以不会允许某一个租户的审计人员进入其基础设施；他们会由自己的审计人员审计周边安全、流程和控制，但是任何租户的审计人员都不会从实物层面接触到实际的基础设施（而且租户也不知道自己运行在什么基础设施之上）。审计人员将只能对 IaaS 供应者制作的白皮书和发行的审计报告进行检查，并且无权访问公有的 IaaS 数据中心。但对于私有的 IaaS 数据中心，除非私有云由 CSP 进行托管，否则审计人员可能就有权检查实际的基础设施来评估物理的周边安全。

对于平台即服务（PaaS）的 CSP 而言，实物方面的审计更加复杂。不仅基础设施由 CSP 进行了抽象和管理，应用堆栈也是如此。像每月打补丁、锁定操作系统、入侵检测之类的工作都由 CSP 负责管理。在某些情况下，甚至数据也由 CSP 进行控制和管理，客户只对数据库访问和用户管理进行控制。同样，提供软件即服务（SaaS）应用的 CSP 承担着更多的责任，除了要负责基础设施和应用堆栈，SaaS 供应商也对整个应用负有责任。SaaS 方案的消费者在这种情况下责任极少。在第 9 章中，我们将会对此进行更详细的讨论。

这些有什么重要？实际上，如果一个公司想要在云中运营某些业务流程，那么就必须遵守一些法律法规；很少会有客户愿意与服务不符合各种法规的公司有业务往来。举例来说，一家为医疗卫生提供商提供自动化健康记录处理云服务的美国公司，如果不符合 HIPAA 规定，那么将很难找到客户。HIPAA 是美国联邦政府落实的《健康保险流通与责任法案》，要求医疗卫生供应商使用适当的管理、技术和实物管制等级，来保证消费者受保护健康信息（PHI）的隐私安全。医疗卫生提供商基本不可能与一个不符合 HIPAA 的 CSP 进行合作；否则可能会失去合规的资格，从而导致其业务运行出现不良后果，如罚款、法律问题、丢失生意，并带来负面宣传等。

所以，架构师和产品经理明白在各种服务模式下谁应该对数据进行负责，以及在审计流程中如何评定相应的职责，以便能落实适当的流程和控制是非常重要的。同样重要的还有，应当清楚某些法规要求在何时适用，这正是下一节我们要讨论的问题。

## 7.3 云中的法规

有不少法规都适用于在云中搭建的系统。有些针对行业，有些针对正在处理的数据和交易类型，还有一些则是适用所有基于云的系统的标准。对于在云中搭建软件的公司来说，CSP 和搭建应用的公司双方都有责任坚持合规。亚马逊 Web 服务（AWS）已经得到 ISO 27001 标准认证这样的事实，并不一定确保建立在 AWS 之上的应用也合规；这只是表示基础设施层可以通过审计。搭建和管理应用堆栈和应用层的公司也必须落实所有适当的控制措施，来确保整个应用能通过审计。表 7.1 是一些在搭建云服务时可能会遇到的规章制度。

表 7.1 监管和控制

| 审计 | 分类 | 描述 |
|---|---|---|
| ISO 27001 | 软件 | 计算机系统的国际标准 |
| SSAE 16 | 安全 | 财务、安全和隐私控制 |
| Directive 95/46/ec | 安全 | 欧洲安全和隐私控制 |
| Directive 2002/58/ec | 安全 | 欧洲电子隐私控制 |
| SOX | 金融 | 美国公众公司会计责任控制 |
| PCI DSS | 信用卡 | 信用卡信息的安全和隐私 |
| HIPAA | 健康 | 医疗健康信息的安全和隐私 |
| FedRAMP | 安全 | 美国政府的云计算安全标准 |
| FIPS | 软件 | 美国政府的计算系统标准 |
| FERPA | 教育 | 教育信息的安全与隐私 |

为了通过软件最佳实践、安全和隐私方面的审计，公司必须在以下分

类上落实流程和控制：

- 突发事件管理
- 变更管理
- 发布管理
- 配置管理
- 服务等级协议
- 可用性管理
- 能力规划
- 业务可持续性
- 灾难恢复
- 访问管理
- 治理
- 数据管理
- 安全管理

这就是为什么云方案不安全这种传言不可信的另一个原因。为了得到云计算标准法规的认可，公司必须在所有这些分类上实施规定的流程和控制，以求通过审计；但许多本地解决方案从未达到过同样的标准。我们将在本书后面的一些章节对某些分类进行详细讨论。

除此之外，可能还有其他更多规章制度需要考虑。每个国家都有其必须要遵守的法律。应用程序和客户群的类别也与适用的法规有很大的关系。例如，许多社交媒体网站并不觉得在通过各类审计方面有什么投资的必要。绝大多数网站只是张贴出公司有什么责任的条款和条件，而客户选择接受的回报就是可以使用相关的服务。对于B2B公司来说，对遵守法规的要求就要严格得多。CSP的企业客户要比个人消费者有着多得多的责任和要求。比如，使用类似Twitter之类云服务的个人可以选择加入，并承担如服务条款里所确定的风险，也可以选择不注册。如果个人加入，那么她就会依靠Twitter履行协议中其所应承担的责任来保障自身数据和隐私的安全。如果Twiitter未能做到这些，个人除了选择关闭自己的账户外也没有太多选择。

现在，让我们来看看Chatter，一个类似Twitter的在企业内部用于社交协作的云服务。虽然Twitter和Chatter这两种云服务在概念上非常相似，但Chatter数据泄露的危险要远比Twitter严重得多。原因在于Chatter是内部使用进行业务讨论的工具，并且连接对象是客户和供应商。使用这种技术进行分享的信息没打算向大众公开。数据的泄露可能会曝光公司的机密，对客户和合作伙伴造成困扰，以及给公司带来公共关系的噩梦。Salesforce.com，这家销售Chatter服务的公司，在客户愿意付钱之前必须遵守大量的法规来获得企业客户的信任。

以下是决策者在谈及法规时必须要知道的一些事情。对于基础设施即服务（IaaS）和PaaS CSP而言，获得各种法规的认证是获得客户的重要条件。在最低程度上，CSP应该得到ISO 27001、SSAE 16 SOC 1和SOC 2

的认证。如果供应商想要在医疗卫生行业发掘客户,那么就应该取得HIPAA的认证。而如果CSP想要在自己的基础设施上运行可以接受支付行为的应用，那么PCI合规就是一个必不可少的条件。在美国，某些政府部门还会要求CSP遵守各种类似联邦信息处理标准（FIPS）和联邦风险与授权管理程序（FedRAMP）的政府法规。公司和政府部门通常会借助私有云IaaS和PaaS解决方案来应对公有云上缺少各种认证的问题。最近，公有云服务提供商得到了联邦法规的认可，以鼓励政府部门选用公有云业务。AWS发布了一个满足政府监管要求的名为GovCloud（政府云）的专用区域，将安装在此区域的政府应用与AWS上的其他客户进行隔离。这实际上就是一个运行在公有IaaS之上的只为特定政府部门服务的半私有的社区云。

由于SaaS云服务提供商承担了所有的数据管理责任,所以对他们来说隐私的问题非常重要。绝大多数SaaS合约都含有软件代管条款，来对方案长期不可用或公司停业时如何处理数据进行解释。软件会被存放在第三方代理机构的托管账户里，在CSP宣布破产或不能履行合同义务的情况下，会移交给SaaS解决方案的消费者。在将数据进行跨国界转移时，CSP必须满足安全港法律的监管要求。欧盟的安全港法禁止将发给或传自欧盟国家的个人信息，转移到不符合欧盟隐私标准的非欧洲国家。任何SaaS供应商如果想要售卖服务给欧盟国家或者与欧盟顾客有业务整合关系的企业，在遵守上述法规之外，还必须遵守欧盟的法规。好消息是，这些法规之间有很多重合的地方。ISO 27001和PCI法规的组合是其余监管要求的超集。某些审计人员甚至有能力将多个审计工作进行合并，这样就能对所有的流程和控制一次性进行审计，然后产出多份审计报告，降低完成审计的整体成本和时间。

## 7.4 审计的设计策略

对一个新的云应用而言，审计设计策略的第一步就是基于客户和行业需求理清所有的适用法规。大多数瞄准企业客户的云服务都需要符合某些 IT 最佳实践规则（如 ISO 27001 标准）和安全制度（如 SSAE 16、SOC 2）。其他可能带来额外法规的因素如下：

- 行业要求（医疗卫生、政府、教育等）
- 数据格式（支付、身份识别信息等）
- 位置（国家、跨国界传送等）

一旦团队列出了必须遵守的法规目录，下一步就是在产品路线图中创建出审计专用的工作流。这个工作流应包含以下策略：

- 数据管理（第 8 章）
- 安全管理（第 9 章）
- 集中登录（第 10 章）
- SLA 管理（第 11 章）
- 监控（第 12 章）
- 灾难恢复（第 13 章）

- 系统开发生命周期（SDLC）和自动化（第 14 章）
- 运营和支持（第 14 章）
- 组织变革管理（第 15 章）

这里的要点是，产品必须随时间的推移不断发展进化。要想通过审计，在每一个策略上都有许多事情要做。一个比较明智的做法是，从企业整体的视角来看待每一个策略，这样后期的应用就可以利用最初的投资成果，将来在云中的应用也可以以一种持续性的降低维护成本和提高可审计性的方式实施。在搭建完应用之后再解决审计需求是项耗时、费力、成本高的工作，而且通常会带来流程和控制的缺口；而如果在开发初期就考虑审计需求，在设计时就可以把流程和控制设置在核心应用部分，从而可以较轻松地降低风险，提高可审计性和降低审计成本。

构建一个能够通过审计的系统所需的开发数量在很大程度上受到云服务消费者选择的云服务模式的影响。在 IaaS 之上构建时，云服务消费者要承担大量的责任。如果消费者选择在其本地设备上构建私有云，则要完全负责所有必要流程和控制的搭建；而选择公有的 IaaS 或托管的私有云 IaaS 供应商，则可以将基础设施层的责任转嫁给 CSP。很明显，随着我们向堆栈的上层如 PaaS 和 SaaS 移动，更多的责任就会转向 CSP，但是消费者仍然需要在各个领域有某些程度的流程和控制。

另一个审计策略的关键因素是消费者的成熟度。如果消费者是初创企业，那么快速进入市场的重要性很可能要远大于通过审计。事实上，除非初创企业能够确定市场上对其产品和服务有足够的需求，否则在审计上投入所有的精力毫无意义。但这并非表示初创企业应该完全忽视审计要求。他们至少应该能够就打算如何解决审计要求之类的问题对客户做出回答。而一个运行良好、销售额能进入财富 500 强的公司，很可能要求在发布其产品和服务之前先通过审计。

实施审计和合规路线图最好的例子就是亚马逊和其 AWS 产品。亚马逊最初在 2006 年向大众发布其 S3 和 EC2 Web 服务。直到 2010 年 AWS 才宣布符合 ISO 27001 和 PCI DSS 的指导意见。在 2011 年，它发布了 SSAE 16 SOC 1 报告；2013 年，又发布了 SSAE 16 SOC 2 和 SOC 3 报告，并符合了 FedRAMP 的要求。可以说，客户需求驱动了这个合规路线图的推进。当 AWS 初次发布及在随后的 2 ~ 3 年内，它的主要使用者是初创企业、Web 应用，以及临时的需求应用。为了吸引更多的主流客户，亚马逊瞄准了 ISO 27001 标准。在它得到了 ISO 27001 认证之后，公司马上就得到了回报：云安全成为主要的关注点，并且具备 AWS 的 PCI DSS 认证成了在云中处理信用卡交易的必备条件。亚马逊解决这些问题之后看到了与政府合作的巨大机会。但当时政府项目最大的障碍在于类似 FIPS（联邦信息处理标准）和 FedRAMP 等政府相关监管认证的缺失。亚马逊于是让客户的需求一次次驱动了自己在审计和合规方面的投资。

## 7.5 总结

在架构师和产品所有者搭建基于云的解决方案之前，有许多必须要了解的法律法规。提前弄清楚审计的要求，产品团队就可以合理安排路线图中的任务优先级，把安全、隐私和其他监管要求在早期便内置于系统之中，从而避免亡羊补牢的行为。了解这些需求，就应当意识到对有关安全、日志、监控、SLA管理、灾难恢复和其他合规云服务的关键组件进行策略设计的必要性。

# 第 8 章　云的数据考虑

如果我们有数据，那就看数据怎么说。如果我们有的只是观点，那就听我的。

——吉姆·巴克斯代尔，网景前 CEO

在制定云计算相关的决策时，数据需求无疑有着最大的影响力。架构师和产品经理应对流入和流出系统的所有信息的需求有着清楚的认知。本章对数据具有的多个特性和这些特性如何影响设计决策进行了分析。

## 8.1　数据特性

云服务的搭建需要将许多数据特性考虑在内。简单列举如下：

- 物理特性
- 性能要求

- 易变性
- 容量
- 监管要求
- 事务边界
- 保存期限

所有这些数据需求都会对如何存储底层数据造成决策影响。同时，我们必须做出两个关键性的决策（在本章最后进行讨论）：

1. 多租户还是单租户。
2. 使用何种数据存储格式：SQL、NoSQL、文件等。

下面我们将会针对每一种数据特性在设计时需要考虑的因素进行讨论。

## 物理特性

在进行物理特性的分析时，我们需要收集多方面的数据。其中，数据的位置是一条重要信息。数据已经存在还是全新的数据集？如果已经存在，数据是否需要迁移至云端，或者将在云端生成？如果数据必须传送至云端，那么数据的规模有多大？如果我们讨论的是很大容量的数据（如 TB 级别），那么可能会有些麻烦。某些云供应商提供运送大量数据的服务，所以他们可以代替客户来完成数据的手工加载；但是如果数据具有高度敏感性，我们是否真的想要这么一卡车敏感数据驶离我们的公司？如果数据全新，而且很可能数据可以在（公有或私有）云中生成，那么就完全没有必要再进行大量数据的传送以进行数据的初始化加载这一烦琐的步骤。同样，在分析法律责任时，我们也需要对数据的位置进行考虑。不同的国家对于数据进入和离开国界有着不同的法律规定。

另外，数据的所有者是谁？是开发软件的公司，提供数据的第三方，还是使用系统的客户？数据能与其他公司进行分享吗？如果可以，是否需要对某些属性进行遮掩以不对第三方显示？数据的所有权是非常重要的特性，对于所有权的界定应在服务提供者和客户之间的合同里写明。对于搭建 SaaS、PaaS 或 IaaS 方案的公司而言，对数据所有和数据共享方式的确定，会对为了满足某些有关隐私、安全和服务等级协议（SLA）的特定需求，是否需要隔离数据库甚至按每个客户隔离数据库服务器这样的设计决策产生决定性的影响。

## 性能要求

性能分为三类：实时、近实时及延时。实时性能通常定义为亚秒级的响应时间。网站通常会争取达到半秒级或更短的响应时间。近实时通常指在 1~2 秒之内。有时近实时也意味着“感觉实时”。感觉实时意味着性能是近实时的，但是对于终端用户而言，表现出一种实时状态。例如，就 POS 机技术而言，客户在收银机前感知到的付款时间，就是在扫描所有商品并处理完折扣信息之后吐出收据所花费的时间。但实际上，在整个购物体验中，可能已经花费了 1 秒或更多时间来完成一些任务，只不过这些任务均以结账作为结束。即便某些任务所花费的时间要长于半秒这种实时标准，消费者可见的任务（打印收据）却是实时完成的，因此是“感觉实时”。延时所指的时间范围，可能是几秒，也可能是一个按日、周、月等计算的时间框架。

响应时间分类决定了主要的设计决策。所要求的响应时间越短，架构师越有可能需要使用内存而不是磁盘。常见的用于大容量高性能数据集的设计模式是：

- 使用缓存层。
- 减少数据集的大小（存储属性的散列值或二进制表示形式）。
- 将数据库区分为只读节点和只写节点。
- 将数据进行切片，分成特定客户切片、特定时间切片和特定区域切片。
- 对陈旧数据进行归档，降低表的大小。
- 对数据集进行非规范化处理。

当然，还有许多别的方法。理解性能的需求对于设计决策起着关键作用。

## 易变性

易变性是指数据变化的频率。数据集可以分为静态数据集和动态数据集两类。静态数据集通常是事件驱动的数据，按时间顺序发生。典型的例子是 Web 日志、事务和收集数据。在 Web 日志里常见的信息类型是页面浏览数、点击流量、搜索词、用户 IP 地址等。常见的事务是银行取款和存款、POS 购买、股票交易等。收集数据的示例是生产机械产生的数据、环境数据（如气候等），以及人类基因组数据。此类静态数据集属于“一次写入，多次读取”类型的数据集，在某一个时间点发生，但是会反复读取分析以检测模式和观察行为。这些数据集通常会存放很长一段时间，占用 TB 级的数据空间。具有这种性质的大型静态数据集通常会要求采用非标准化的数据库操作来使性能最大化。挖掘这类数据集的常见操作是对数据进行非规范化处理、使用星形或雪花模式（schema）、使用 NoSQL 数据库，以及最近更常见的是应用大数据技术。

动态数据要求完全不同的设计。如果数据经常变化，规范化的关系型数据库管理系统（RDMS）就是最常见的解决方案。关系型数据库非常适合处理 ACID（原子性、一致性、隔离性和持久性）事务以确保数据可靠性。规范化的关系型数据库通过确保重复数据和孤儿记录不存在来保护数据的完整性。

易变性的另一个重要特征是数据的频率。一个月产生 100 万行数据要比 1 分钟产生 100 万行数据容易设计得多。在云里，数据流动（增、改、删）的速度是决定数据层整体架构的重要影响因素。了解云里不同的磁盘存储系统非常重要。例如，在亚马逊 Web 服务（AWS）中，S3 是一种高可靠的磁盘存储系统，但却非高性能系统。EBS 卷是缺乏 S3 的可靠性和冗余功能的本地磁盘系统，但执行速度更快。所以，确知数据的要求很重要，这样我们便能选用最适当的磁盘存储系统来解决特定问题。

## 容量

容量是指一个系统必须保存和处理的数据量。使用关系型数据库的好处很多，但当数据容量达到某一规模时，关系型数据库会变得非常慢，维护费用也高得难以承受。架构师同样必须明确有多少数据必须在网上维护和访问，以及有多少数据应进行存档或存放在较慢且价格较低的磁盘上。容量还影响了备份策略的设计。对数据库和文件系统进行备份是保证业务的可持续性和灾难恢复的关键，必须满足类似 SSAE 16 和其他监管法规的要求。如果没有合理的设计，那么备份很可能会消耗大量的 CPU 资源，并对整个系统的性能造成影响。全备份通常会每天进行，而增量备份则会在一天的多个时间内进行。一种常见的策略是在从数据库上进行备份，这样应用程序的性能就不会受到影响。

## 监管要求

法规在制定与数据有关的决策时扮演了重要角色。几乎每个以 B2B 模式交付云服务的公司都能预期到客户会提出通过各种法规认证的要求，如 SAS 70、SSAE 16、ISO 27001、HIPAA、PCI 等。被划为 PII（个人身份认证信息）一类的数据在运行和存储时必须进行加密，这就带来了一定的性能消耗，在这些字段内容经常变化且数据很大时情况尤为明显。PII 数据是公司选择使用私有云和混合云的主要原因，因为许多公司拒绝将敏感和私有数据存放在公有、多租户环境中。理解法规的限制和风险可以驱动部署模式的决策。

## 事务边界

事务边界可以理解成一种工作单元。在电子商务中，购物者与网页表单的数据进行交互，并按照自己的想法对数据进行各种更改。当最终下单之后，基于信用卡是否有效、可用余额是否足够或者所选货物是否仍然有库存等条件，他们所做出的所有决定或者成功提交，或者被拒绝。关于事务边界的有效示例，我们可以参考下面常见于类似 Expedia.com 这样的旅游网站的处理流程。

来自芝加哥的消费者正在计划去佛罗里达州奥兰多的迪士尼世界进行一次家庭旅行。她登录 Expedia.com，然后预订了航班、酒店和租车服务。在这个场景背后，Expedia 调用了 3 家不同公司的 API，如美国航空公司进行机票预订、万豪酒店选择房间，以及 Hertz 进行租车。当消费者按处理流程的指引选择航线、酒店和车辆时，在消费者确认购买之前数据都不会完成提交。而一旦消费者确认了旅程，Expedia 就会调用 3 家不同供应商的 API，发出预订请求。如果 3 个调用中的任意一个失败，Expedia 就需要询问消费者是否仍然希望继续其余两个。即使最初对美国航空公司的调用可能有效，但由于整个事务边界仍然没有完成，航班的预订也不会继续进行。而如果单独提交事务的每一部分，那么在部分事务成功、部分失败的情况下，就可能会造成实际的数据质量和消费者满意度问题。实际上，如果这 3 项中任意一项的预订不能完成，或许消费者就不想再继续这个旅行了。

所以，理清事务边界对于明确哪些数据点需要进行状态的存储、哪些又不需要非常重要。切记，RESTful 服务需要设计成无状态的，所以架构师需要明确为这种复合事务状态保留的最佳方法，如可能需要进行缓存、写入队列、写入临时表或磁盘等。类似 Expedia 示例这种复合事务发生的频率以及这种事务的数量也会起到一定的影响作用。如果这种用例可能会经常发生，那么将数据写入表或磁盘很可能会造成性能瓶颈，在内存中对数据进行缓存或许会是一个更好的方案。

### 保存期限

保存期限是指数据必须保存的时限。例如，财务数据通常需要保存 7 年以满足审计的需求。但这并不意味着必须保持 7 年的可在线访问，只是说在 7 年之前不应进行损毁。例如，网络银行通常提供 6 个月到 1 年期的网络对账单。用户需要对大于 1 年的对账单提出申请。这些申请会分批进行处理，有时候还会产生手续费，因为银行必须对离线存储数据进行检索。

理解保存期限对于选择适当的存储解决方案非常重要。需要留存但不必提供实时或近实时网络访问的数据可以存放在非常便宜的离线磁盘或磁带上。通常这些存档数据会被异地保存在一个灾难恢复站点处。而需要立刻进行检索的数据则需要被存放在一个具有冗余备份且可快速从故障中恢复的高性能磁盘上。

## 8.2 多租户或单租户

系统的租用应由前述的各项数据特性来决定。当提到一个架构的数据层时，多租用（multitenancy）意味着有多个组织或客户（租户）共享一组服务器。绝大多数定义中会说到是一台服务器，但实际上通常会需要多台服务器（即主从服务器）来支撑一个租户。单租户意味着每组服务器只支撑一个租户。图 8.1 和 8.2 显示了 3 种针对不同需求的多租用设计策略。

多租用隔离方法

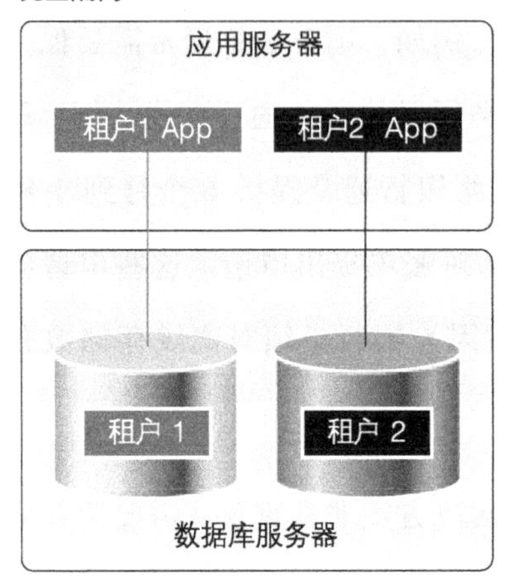


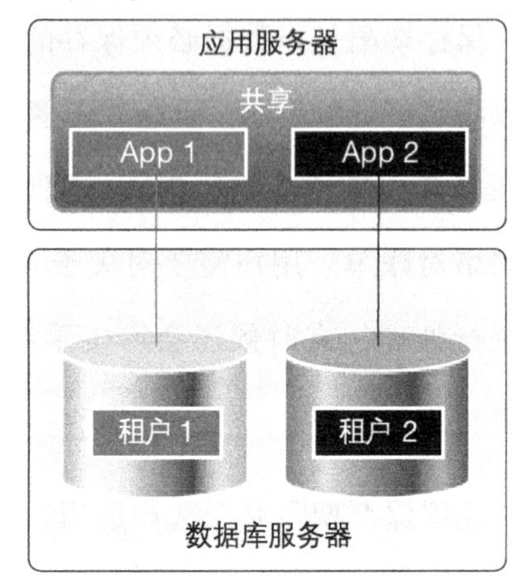


图 8.1 完全隔离（total isolation）和数据隔离（data isolation）

多租用隔离方法

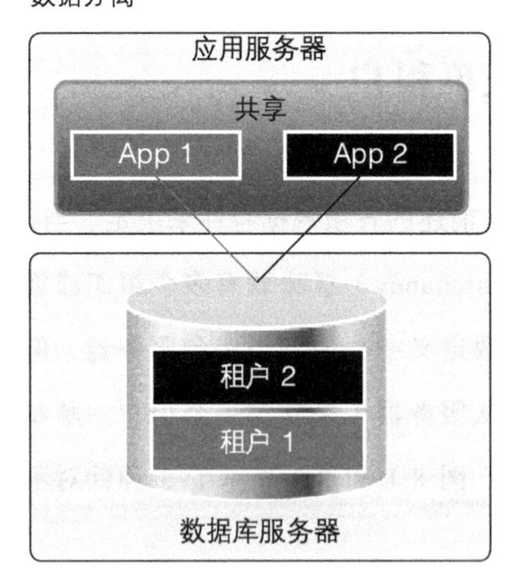


图 8.2 数据分离（data segregation）

在图 8.1 中，左面的图是“完全隔离”策略，即单租户的示例。在这个示例中，数据库层和应用层都有针对每个租户的专有资源分配。

| 优点 | 不足 |
| --- | --- |
| 提供独立性 | 费用最高 |
| 隐私 | 复用性最低 |
| 高扩展性 | 最复杂 |

通过将租户隔离在自己的服务器上，每个租户都有高度的独立性，意味着如果在任意一台服务器上存在应用或数据库瓶颈，那么其他租户将很少或基本不会受到影响。因为其他租户不能访问这些服务器，所以也代表了较高等级的隐私性。另外，计算能力的增加也使每个租户都有专属服务器的系统能够更好地进行扩展。但这些优点也带来了成本的提升。单租户是最昂贵的策略。每个租户都要承受对应的系统成本，现有基础设施的复用能力有限，这样随着服务器数量的增加，就会带来管理基础设施的复杂度。应用程序也必须实现基础设施感知，知道如何指向正确的设备。

图 8.1 右侧的图是“数据隔离”策略。在这种模型中，应用程序通过共享应用服务器、Web 服务器等在应用层采用了多租户的方法，但在数据库层仍然是单租户的。因此，这是一种介于多租户和单租户之间的混合方法。在这种模型中，我们仍然可以获得独立性和隐私的好处，同时还在某种程度上降低了成本和复杂性。图 8.2 显示了真正的多租户模型。

“数据分离”策略将租户分隔成不同的数据库模式（schema），但是它们共享相同的服务器。在这种模式下，租户共享所有的层。

| 优点 | 不足 |
| --- | --- |
| 成本效率最高 | 缺乏独立性 |
| 复杂度最低 | 性能最低 |
| 复用性最高 | 扩展性最差 |

由于大量的复用性，这种模型表现出了最高的成本效率。同样，由于它明显需要更少的服务器，从而复杂度也最低。其面临的挑战就是某个租户可能会给其他租户带来性能问题。同样，较少的服务器也意味着更低的性能和更差的扩展性。实际上，随着系统的租户不断增加，系统会变得越来越容易发生故障。

那么我们应在什么情况下使用这些策略呢？完全隔离的方法，通常用于某一个租户具有巨大的流量需求时。在这种情况下，将专有服务器分配给这个租户就具有了明显意义，因为这样能够实现最大程度上的扩展，却不会给其他客户的使用造成破坏性的影响。数据隔离策略通常用于保护每个租户数据的隐私，并且允许租户单独进行扩展。数据分离策略通常用于流量并非很大，但出于隐私的原因需要按租户自己的模式保存其数据的情况。

我曾经工作过的一家公司有许多零售客户。某些客户有成百上千家店面和上百万的顾客，而其他的零售商可能只有十几家或更少的店面，顾客数也在100万以下。真正的大型零售商对于安全和隐私有着非常严格的要求，而小型连锁商店就不那么在意这些。作为一家成立不久的初创企业，我们必须在与零售商的合同协议上权衡成本。我们采用了一种混合方案。

我们有一个非常大的客户，有几千家门店。考虑到这个客户很可能会导致巨大流量的产生，并且也出于为这种规模的客户提供可靠服务的重要性，我们决定对其采用一种完全隔离的策略。而对于所有流量处于平均水平的小型零售商，我们使用数据分离模型来使自己的成本最低。对于所有在店面数和流量上都大于平均水平的其他客户，我们使用数据隔离的方法。每个租户都有自己独立的数据库服务器，但是会共享 Web 层和应用层。

每种业务都是不同的。我们应该明白不同的租用模型之间的区别，然后基于业务需求，选择正确的策略或策略组合来支撑独立性、安全性、隐私、扩展性、复杂性和成本等方面的需求。

## 8.3 选择数据存储类型

使用什么样的数据存储类型是另一个重要的决策问题。许多 IT 部门都对关系型数据库非常熟悉，下意识地会直接选择用关系型数据库来解决所有的数据问题。但就像我们说过的，你可以用锤子来建造房子，但有时候一把钉枪或许更顺手。

为了将数据存放在数据库中，关系型数据库必须保证事务得到成功处理，因此非常适合联机事务处理（OLTP）行为。此外，关系型数据库还有着卓越的安全特性和有力的查询引擎。现在 NoSQL 数据库开始逐渐流行起来，原因主要有两点：越来越多的数据存储和访问都在弹性云计算资源中进行；磁盘解决方案变得日益廉价，但速度却在不断提高，公司因而存放了比以往任何时候都要多的数据。现在，一个公司有着 PB 级的数据再也不是什么稀罕事。而这么大量的数据通常又主要用于完成分析、数据挖掘、模式识别、机器学习和其他工作。企业可以借助云配置多台服务器来将工作负载分配到多个节点上来加快分析，然后在分析结束后再撤销对所有服务器的部署。

当数据变得这么大时，关系型数据库的处理速度就很难满足速度的需求了。关系型数据的构建强调了参照完整性。为了达到这一点，在数据库引擎中内置了大量的开销来确保在数据存放进表之前完成事务的处理和提交。关系型数据同时还要求索引来加快对记录的检索。而如果记录数足够大，索引就会产生相反的结果，数据库的性能也将变得无法接受。

NoSQL 数据库的出现正是为了解决这些问题。当前有 4 种 NoSQL 数据库。

## 键值存储

键值存储数据库采用了散列表，每个带有指针的唯一的键都会指向一个特定的数据项。这是 4 种 NoSQL 数据库类型中最简单的一种，速度快，高扩展，在处理类似发推文这种海量写入行为时用处明显。当然，在读取类似历史订单、时间和交易这种大型、静态、结构化数据时其也有良好的表现。不足之处在于，这种技术没有对数据库的结构描述（schema），所以不适合处理复杂数据和关系。键值存储数据库的代表产品有 Redis、（LinkedIn 使用的）Voldemort 和亚马逊的 DynamoDB。

## 列存储

列存储数据库的出现是为了存储和处理跨多台机器之上的大规模分布式数据。散列键指向以列族（column families）进行组织的多个列。这种数据库的威力在于，可以在运行中添加列，并且允许行值出现空缺。列存储数据库的优势在于，这种数据库的速度极快，扩展性也非常好，并且在运行时也更容易做出变更。列存储在对多源异构数据进行整合时会表现得非常优秀，但不太适用于高度连接的数据源。列存储数据库的典型代表是 Hadoop 和 Cassandra。

## 文档存储

文档存储数据库用于存储以文档形式进行存放的非结构化数据。数据通常以 XML、JSON、PDF、Word、Excel 和其他常见的文档类型进行封装。大多数日志解决方案使用文档存储将来自不同数据源的日志文件整合在一起，如数据库日志、Web 服务器日志、应用服务器日志、应用日志等。这些数据库在由不同格式组成的大规模数据的扩展方面表现突出，但同样在高度连接的数据的处理上差强人意。文档存储数据库的代表是 CouchDB 和 MongoDB。

## 图形数据库

图形数据库用于存储和管理彼此关联的关系。这些数据库通常用于展现关系的可视化表述，尤其是在社交媒体分析领域。这些数据库在绘图方面表现优异；但由于为了产生结果必须对整个关系树进行遍历，所以在更多的其他方面却性能较差。图形数据库的代表是 Neo4j 和 InfoGrid。

## 其他存储方式的选择

我们讨论了 SQL 和 NoSQL 的选择，但有时我们也会以文件的方式存储数据。如像照片、视频和 MP3 这样的大型文件可能有数兆字节或更大。

Web服务器如果用数据库对这些大字段进行存储和检索的话，可能很难提供高性能的用户体验。更好的方法是利用内容分发网络（CDN）这种通过互联网连接的位于多个数据中心的分布式计算机网络。CDN能提供高可用性和高性能，是流媒体和其他带宽密集型数据的选择工具之一。

## AEA案例研究：数据设计决策

Jamie研究了不同的数据存储类型之后，又回到自己的业务架构图上，对架构的每一个组件进行评估。他将自己的数据归纳为以下几类：

- 联机事务处理（OLTP）数据
- 交易数据
- 日志数据
- 富媒体内容
- 财务数据

OLTP数据来自各种数据录入类型的行为：客户注册、内容创造、活动和广告计划等。交易数据指在拍卖处理期间产生的行为，如投标、社交互动、点击等。日志数据产生自应用层、应用堆栈层和基础设施层的各个组件。富媒体内容则是视频、图像、音频文件，以及各类上传至系统的文档文件。最后还得提到的是财务数据，代表实际发生的金融交易（在线支付、返还和卖方费用等）。

Jamie做出了如下决定，并打算与自己的团队讨论之后进一步确定：

- OLTP。关系型数据库。
- **交易数据。**NoSQL、列存储。
- **日志。**文档存储。
- **富媒体。**文件，使用 CDN。
- **财务数据。**关系型数据库。

他选择关系型数据库来处理 OLTP 数据，是因为数据通过网络实时流入，他想要强制执行数据引用的一致性，并希望提供查询能力。另外，财务的稳健性和强大的安全特性，也是他选择关系型数据库的原因。他选择列存储数据库的原因有两个。首先，因为必须记录每笔拍卖带来的每一下点击和投标行为，他希望能有巨大的容量；其次，因为他们会与很多个第三方的系统进行集成，所以可能会有少量不同的数据格式，而列存储在这方面表现出很好的处理能力。安装在 IaaS 之上或由 SaaS 方案提供的日志服务，会处理日志数据。但日志工具更可能使用文档存储。此外，CDN 的使用会优化较大文件的性能。随着项目的开展，Jamie 会发现他需要其他的数据存储方式来满足类似搜索和缓存的需求。但不论哪种情况，他都可能使用一个 SaaS 方案或 PaaS 插件，或者选择在 IaaS 方案之上安装一套解决方案。

## 8.4 总结

数据有各种特性，理解这些特性和每种特性的不同要求，对于选择正确的云服务模型、云部署模型、数据库设计和数据存储系统至关重要。没人会在搞清楚房屋的要求和分析建筑平面图之前就动手盖房子，但是有些公司却会在完全理解其数据需求之前就动手搭建软件。不管是搭建新的系统还是迁移现有系统，架构师都应该和产品团队一起花些时间，对本章所叙述的各种数据特性都进行一下评估。只有完全了解了各种数据特性，才能搭建出一个能满足业务需求的最佳系统。

# 第 9 章　云中的安全设计

只有关机断电、浇注在混凝土里，然后密封在一个由武装守卫把守的铅制房间里的，才是真正安全的系统。

——基恩·斯帕福德，普杜大学教授

在云计算之前，商业软件产品的买家并不像今天这样对供应商有着安全等级的要求。已付款并在企业内部安装的软件提供了可供买家配置以保证应用安全的各种安全功能特性。供应商也会使产品易于与类似活动目录（Active Directory）这样的企业安全数据存储区进行集成，并提供单点登录（SSO）功能和其他特性，这样买家可以对软件进行各种配置来满足自己的安全需求。这些商业软件产品通常运行在买家公司内部的防火墙之后。在云计算的环境下，供应商负有更大的责任来替云消费者确保软件的安全。由于消费者放弃了控制权，并让自己的数据存放在自己的防火墙之外，所以现在就要求供应商满足各种监管法规的要求。现在，在云中搭建企业软件对安全提出了很高的要求。许多人对此感到高兴，因为他们在过去几年一直在警告说企业内部对应用安全缺乏足够的重视。市场上也流传着一个说法：重要数据放在云中会不安全。而事实上，不管数据放在哪儿，安全性都是系统架构必须要考虑的核心问题之一。所以问题不是数据放在哪儿，而是在云服务中构建了多少安全措施。

鉴于数据与云的安全密切相关，并可能带来各种真实的和感知上的后果，因此本章将会对数据产生的影响进行讨论。然后我们会讨论安全需要做到何种程度——每个项目的需求都会不同。再接下来，我们会讨论在每种云服务模型下，云服务提供者和云服务消费者应承担的责任。最后，我们会对重点领域的安全策略，如政策执行、加密、密钥管理、Web 安全、应用程序接口（API）管理、补丁管理、日志、监控和审计等内容进行阐述。

## 9.1 云中数据的真相

对很多公司来说，数据放在自己的防火墙之外就意味着不安全，也不能通过类似 PCI DSS（支付卡行业数据安全标准）和 HIPAA（健康信息流通与责任法案）这些监管法规的要求，因此在公有云中搭建服务是无须多想便可直接否定的事情。但实际上，没有一条法规会规定数据应存放和不应存放在哪里。法规所指示的只是类似人口数据、信用卡号码或健康相关信息的个人身份认证信息必须始终进行加密。不管数据是否存放在公有云中，这些要求都应得到满足。

政府是否能从云服务提供商处拿走数据？在美国，《爱国者法案》（USA Patriot Act of 2001）是 2001 年纽约世贸中心发生恐怖袭击之后不久出台的法律。该法律给予了美国政府前所未有的权力来向任何总部在美国的公司——不管公司的数据中心位于哪个国家——提出数据请求。换句话说，任何开展了全球业务但总部设在美国的公司，都需要依法遵从美国政府的数据请求（即便数据包含了美国本土之外服务器上的非美国公民的信息）。尽管不像《爱国者法案》这么出名，但其他许多国家也有类似的法律。

由于像《爱国者法案》之类的法律存在，许多公司做出了一种假设，即不能让云服务提供商来代替自己存储数据，否则会把数据暴露于风险之中。不过这种假设仅仅部分正确，而且很容易辩驳。

首先，不管数据是不是在云中，政府都能向任何公司提出数据请求。将数据保存在本地系统中并不能使公司免受政府的数据请求管制。其次，如果数据存放在一个与其他许多客户共享的环境中，那么公司受到政府调查影响的概率反而会增加。但如果一个公司对数据进行了加密，政府就必须要求公司解密数据，然后才能进行检查。因此，加密数据是降低政府数据请求风险、驳斥重要数据不能存放在公有云中的最好方法。

2013 年 6 月，为美国国家安全局（NSA）工作的承包商雇员 Edward Snowden（爱德华·斯诺登）泄露了一份文档，揭示 NSA 从 Verizon、Facebook、谷歌、微软和其他主要的美国公司处提取了大量的数据。许多人对这条新闻的解读是，公有云不再安全了。但大多数人都没有意识到，大部分从这些大型公司数据中心里抓取的数据都没有托管在公有云中。例如，Verizon 运行着自己的数据中心，政府从 Verizon 抓取的电话呼叫的元数据并非存放在云端的服务器中。Facebook 同样如此，它也有着自己的私有云。事实上，当国家安全处于危急之中时，面对政府的数据请求，数据在哪儿都是不安全的。

## 9.2 安全的程度

云应用或服务所需的安全等级取决于类似以下的一些因素：

- 目标行业
- 客户期望
- 所存储数据的敏感性
- 风险承受能力
- 产品成熟度
- 传输边界

目标行业通常确定了会受何种法规的管制。例如，如果云服务所涉及的是医疗卫生、政府或金融行业，那么安全等级要求通常会非常高。如果云服务涉及的是网游或社交网络行业，安全等级要求可能相对就低一些。B2B 服务通常要求较高的安全等级，因为绝大多数使用云服务的公司都会要求所有的第三方供应商满足一系列最低限度的安全要求。面向消费者的服务或 B2C 服务通常会提供一种责任自负的服务，服务条款里会侧重隐私问题，但是对安全和监管的承诺却极为有限。例如，Facebook 有一项服务条款协议，声称应由使用者来负责自己账户的安全。Facebook 会列出如果你接受其服务条款就必须同意的 10 项内容。

在决定实施多大程度的安全和控制时，客户期望是个有趣的影响因素。要知道，有时是客户对云的感知对安全要求起着决定性的作用。比如，一家公司可能会计划在公有云上搭建其全部的解决方案，但却遇到了一个拒绝将其任何数据存放在公有云中的重要大客户。如果该客户足够重要，即便除了客户偏好找不到别的理由，公司还是可能会决定采用一种混合云的方式来避免损失该客户。在零售和医疗卫生行业客户中，这是很常见的事情。我曾经工作过的两家初创企业都曾完全在公有云中部署服务，后来遇到一些收益很高、很重要的客户，就被迫将某些服务运行在私有的数据中心里了。

云服务中数据的敏感性对安全要求也有着重要影响。类似微博、产生自 Instagram 和 Pinterest 这种照片分享应用的照片，以及 Facebook 留言板消息等社交媒体数据，都是公开信息。用户在接受服务条款时就同意了这些信息的公开化。这些社交媒体服务无须对数据库中的静态数据进行加密。而处理医疗索赔、支付、绝密政府信息，以及生物计量数据的公司就会受到监管控制的约束，它们被要求对数据库里的静态数据进行加密，并在数据中心实施较高的流程和控制等级。

风险承受能力也能影响安全要求。一些公司或许会觉得安全漏洞会对它们的业务产生破坏性的影响，导致公共关系的极大恶化并降低客户的满意度，于是在行业和客户没有提出要求的情况下就应用了最强的安全控制措施。初创企业或小型公司可能有着较高的风险承受能力，觉得以低成本快速进入市场要比在安全上大笔投资重要得多。而出于安全漏洞会带来大量的宣传及这些宣传会对股东和客户产生影响的原因，大型公司可能会刚好相反，它们更看重安全控制，而非加速上市。

产品的成熟度通常也会影响安全要求。构建产品是一个不断演进的过程。通常，公司会有一个产品路线图来平衡业务功能特性与安全、扩展性等技术之间的关系。许多产品在最初并不需要最高的安全等级和可扩展性，但是随着时间的推移，当产品日趋成熟及获得更多的市场认可时，最终会需要将这些功能添加进来。

传输边界是指数据发出和接收的端点如何定义。一个在公司内部使用两端都包含在公司虚拟专用网（VPN）内的云服务，要比通过互联网将数据传出公司数据中心的云服务所要求的安全措施少得多。而跨国界传输的数据可能会被要求满足国家指定的安全要求。美国–欧盟安全港法规要求美国公司在将个人数据传送出欧盟时，必须遵守欧盟的数据保护指令管理。截至本书成稿时，美国公司以自认证的方式进行这项工作。在美国国家安全局（NSA）丑闻[①]发生之后，该法可能会在不久就得到变更，并且可能会要求有一个正式的认证[②]。

---

① NSA丑闻：2013年，美国参议员Chuck Grassley要求NSA提供关于职员滥用NSA数据库情况的报告。在NSA对Chuck Grassley的回信中，NSA列举了12起自2003年以来，NSA监察处发现的对数据库滥用情况的报告，其中包括对恋人、情侣和NSA工作人员自己妻子的窃听。——译者注

② 2015年，欧盟法院（CJEU）宣布欧盟-美国安全港框架无效；2016年，欧盟通用数据保护条例（GDPR）确立，并于2018年5月正式生效；新的欧洲隐私法规将迫使企业更加关注如何处理用户数据。世界各地的公司在收集欧盟公民的政治倾向、宗教信仰、性取向、健康信息等个人资料时，都必须征得用户同意，并解释其用途；欧盟公民有权随时查阅、修改、删除这些个人资料。如果出现涉及个人数据泄露的安全漏洞，公司须在72小时内向有关部门报告，违法企业将被处罚高达4%的营收或2000万欧元。——译者注

一旦公司将这些因素考虑在内，并明确了其云服务需要的安全等级，下一个问题就是谁来完成这项工作（开发还是购买），如何满足安全要求，以及需要何时实现。对于每一种安全要求，都应该对市场上是否有现成可用的解决方案，或者是否应该内部构建解决方案来满足要求进行评估判断。现在市场上有许多开源的、商业的、基于软件即服务（SaaS）的安全解决方案。安全是一个不断发展的领域，保持软件的先进性以应对绝大多数最新的安全威胁并达成最佳实践，这些任务远比说起来困难得多。最好的办法是借助开源或商业产品，再或者是基于 SaaS 的软件的组合来满足类似 SSO、联合安全、入侵检测、入侵防火、加密等要求。

## AEA 案例研究：确定所需的安全等级

顶点拍卖在线（AEA）的目标行业是电子商务拍卖和零售。这个行业在几年前就已经采用互联网进行业务，这也是云计算的早期采用行业之一。类似 eBay 这种拍卖网站和亚马逊这种电子商务网站已经在云中销售产品和服务数年了。

如果部署在云端，买方和卖方不会拒绝使用 AEA 的服务。但不管怎样，他们还是希望自己的个人信息、信用卡信息和金融交易能够避免被滥用和盗窃。渠道合作伙伴、联盟网络和应用商店开发者会想要安全访问平台的 API 并希望双方的数据传输基于安全协议进行。

为避免整个拍卖平台都受到 PCI DSS 的监管，AEA 选择将所有的信用卡业务处理交由一个得到认证的第三方 SecaaS 解决方案。AEA 拍卖平台与这个可信的 SecaaS 方案进行集成，由该方案管理消费者的信用卡交易，并将一个散列键值返送给 AEA。AEA 在其数据库中存储这个散列值，但是实际的信用卡在平台的任何地方都不会出现。

在分析所有的外部合作伙伴和客户需求之后，AEA 意识到为外部账户构建、维护授权和认证服务并非易事。每一个外部主体都可能支持一种不同的技术堆栈并使用不同的通信协议。摒弃了编写所有的代码来支持各种不同的排列组合，AEA 决定选一家 SecaaS 解决方案来管理所有这些端点的安全。促使这个决定的另一因素是 AEA 对风险有着较低的承受能力，大的安全漏洞可能会导致巨大的商业损失，并带来大量不利的媒体宣传。

## 9.3 每种云服务模式下的责任

在使用云时，云服务消费者（CSC）和云服务提供商（CSP）共同承担了保证云服务安全的责任。如图 9.1 所示，消费者越往云堆栈上层走，他们移交给提供商的责任也就越多。

云堆栈包含四大类。底层是基础设施层，由数据中心、服务器相关的硬件和周边设备、网络基础设施、存储设备等各种物理实体构成。没有使用云计算或自建私有云的公司要对所有这些物理基础设施提供安全保障。而对那些使用公有云方案的公司而言，公有云服务提供商会代替消费者来管理物理基础设施的安全。

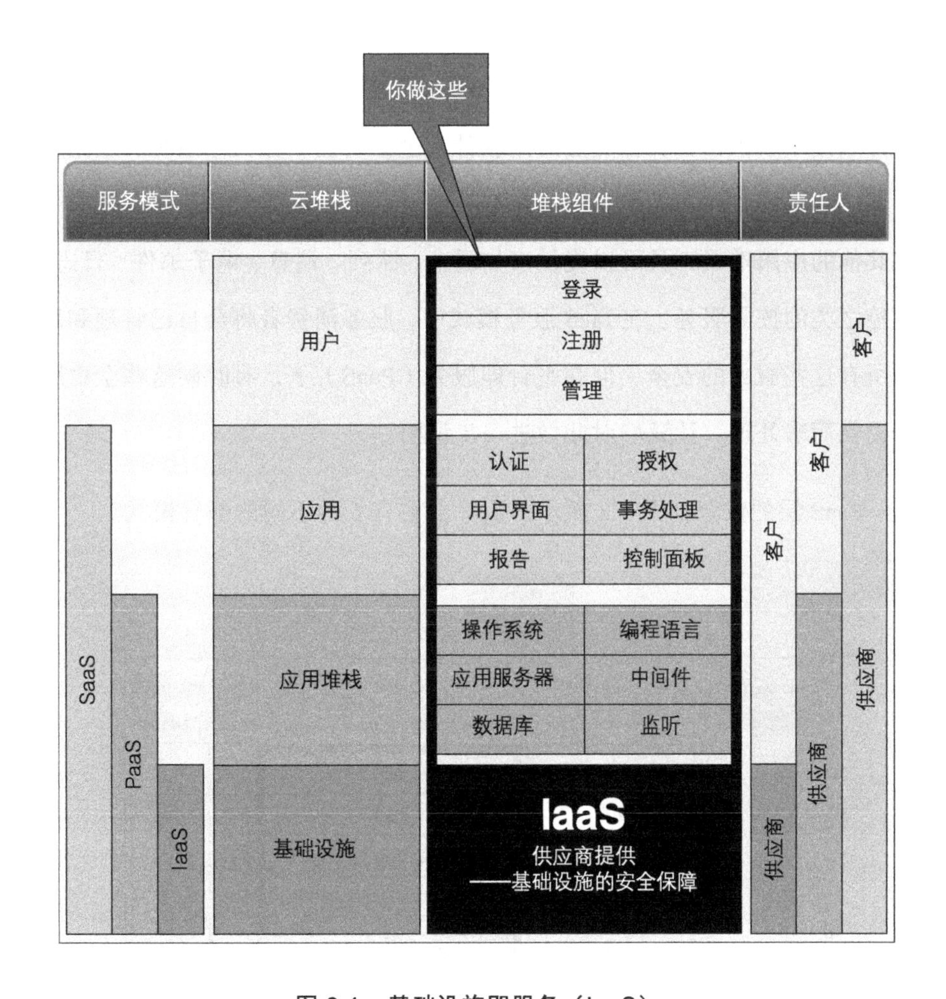


图 9.1　基础设施即服务（IaaS）

一些公司可能会不敢将基础设施的安全外包给供应商，但事实上，绝大多数基础设施即服务（IaaS）提供商在提供远高于绝大多数云消费者能达到的世界级的安全等级方面投入了大量时间、金钱和人力资本。如亚马逊 Web 服务（AWS）已经得到了 ISO 27001、HIPAA、PCI、FISO、SSAE 16、FedRAMP、ITAR、FIPS 和其他监管法规的认证。要知道，很难让一个公司在自己数据中心的安全和审计上投资那么多。

向上移动到应用堆栈层，即构建PaaS解决方案的地方，我们看到提供商开始接手承担诸如保证底层应用软件安全的责任，如操作系统、应用服务器、数据库软件和类似.NET、Ruby、Python、Java等编程语言。还有一些其他的应用堆栈工具可以提供诸如缓存、队列、消息、电子邮件、日志、监控之类的按需服务。在IaaS服务模式中，服务消费者将会自己管理和确保所有这些服务的安全，但在平台即服务（PaaS）下，有时候这些全由服务提供商来处理。让我们对此做进一步说明。

PaaS层的位置如图9.2所示，实际上它有6种不同的部署模式。

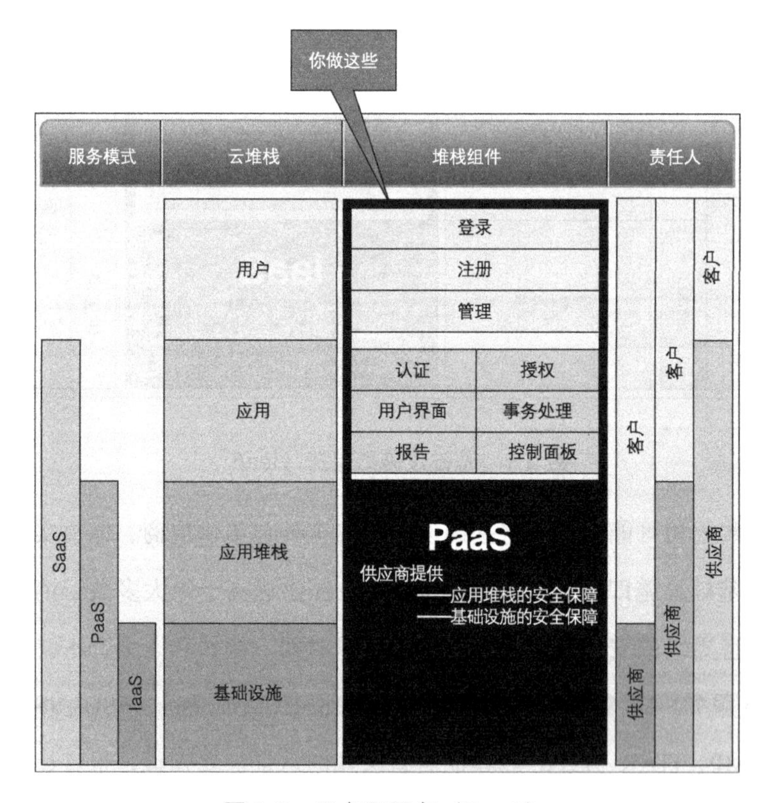


图9.2　平台即服务（PaaS）

**公有托管模式**，提供商在自己的公有云中提供 IaaS。Google App Engine、Force.com 和微软 Azure 都是这种模式。在这种模式里，提供商既负责基础设施，也负责应用堆栈的安全保障。在某些情况下，PaaS 提供商会在另一个提供商的基础设施之上运行自己的服务。例如，Heroku 和 Engine Yard 运行在 AWS 之上。在消费者眼中，PaaS 提供商负责所有的基础设施和应用堆栈安全。不过实际上，PaaS 提供商管理应用堆栈的安全，但是会借助 IaaS 提供商来提供基础设施的安全。在公有托管模式中，只有 PaaS 提供商负责实际的 PaaS 软件的安全。这里，PaaS 软件是由所有 PaaS 消费者消费的共享服务。

**公有代管部署模式，**PaaS 提供商在云服务消费者（CSC）选定的公有云之上进行部署，并聘请 PaaS 提供商或其他一些第三方代替其管理 PaaS 软件和应用堆栈（注：并非所有的 PaaS 提供商都有能力运行在多个公有云之上）。在公有代管模式中，PaaS 软件需要由客户进行管理，意味着由客户和代管的服务提供商来决定在补丁和修复出来之后何时升级 PaaS 软件。尽管消费者也转嫁了对于 PaaS 软件和应用堆栈的安全责任，但消费者仍然参与到了升级软件的过程中。而在公有托管模式中，所有这些对于消费者而言都是透明的。

**公有非代管模式，**PaaS 提供商在某个 IaaS 提供商的公有云之上进行部署，消费者负责对 PaaS 软件和应用堆栈进行管理和打补丁。这是一种在企业选用了混合云时常见的部署模式。通常在混合的 PaaS 方案下，消费者必须选用一种既能部署在公有云也能部署在私有云之上的 PaaS。满足这种需求的 PaaS 提供商只以软件的形式交付 PaaS，并且不处理基础设施层的问题。将类似红帽 OpenShift 的开源 PaaS 部署在一个类似 OpenStack 的开源

IaaS 解决方案之上，就是这种模式的一种典型示例，这样既可以部署在消费者数据中心之内处理某些工作，又可部署在类似 Rackspace 这样的公有云提供商处应对另外的工作负载。

**私有托管模式**，私有 PaaS 部署在一个外部的托管私有 IaaS 云中。在这种模式里，消费者将基础设施层的责任转移至 IaaS 提供商，但自己仍然负责管理和保障应用堆栈和 PaaS 软件的安全。这种模式的示例包括：将类似 Cloud Foundry 的开源 PaaS 部署在类似 OpenStack 这样的开源 IaaS 解决方案之上，而 OpenStack 又可以部署在类似 Rackspace 这样的私有云 IaaS 提供商处支撑其他的工作负载（注：Rackspace 提供的 IaaS 解决方案既有公有云，也有私有云）。

**私有代管模式**，与公有托管模式类似，区别在于无论是外部托管还是在消费者自己的数据中心，IaaS 云都是私有云。如果 IaaS 云是外部托管的，那么私有托管和私有代管模式之间的唯一区别就是消费者聘请了一个服务提供商来管理、保障 PaaS 和应用堆栈的安全，并依赖 IaaS 提供商来管理和保障基础设施层的安全。如果 IaaS 云是内部的，那么消费者自己负责管理和保障基础设施层的安全，而由代管服务提供商管理、保障 PaaS 软件和应用堆栈的安全。

**私有非代管模式**，消费者负责保障整个云堆栈外加 PaaS 软件的安全。实际上，这是一种附加了在数据中心管理 PaaS 解决方案的私有 IaaS。对想要将数据远离公有云并希望自己负责安全的企业而言，这是一个相当受欢迎的选择。另一个原因，消费者可能想要运行在公有云无法提供的特定硬件规格之上，或可能想要将某些负载移至（非虚拟化的）裸机之上，来获得性能的提升。这种模式的一个示例是，将类似 Apprenda 之类的.NET PaaS 部署在 OpenStack 之上，而 OpenStack 又运行于一个内部的私有云中。

再往上一层是应用层。应用开发必须在这一层关注诸如使用安全传输协议（https、sFTP 等）、加密数据、对用户认证和授权、防止网页漏洞之类的事项。对于 SaaS 方案来说，应用安全的责任如图 9.3 所示转移至供商处。

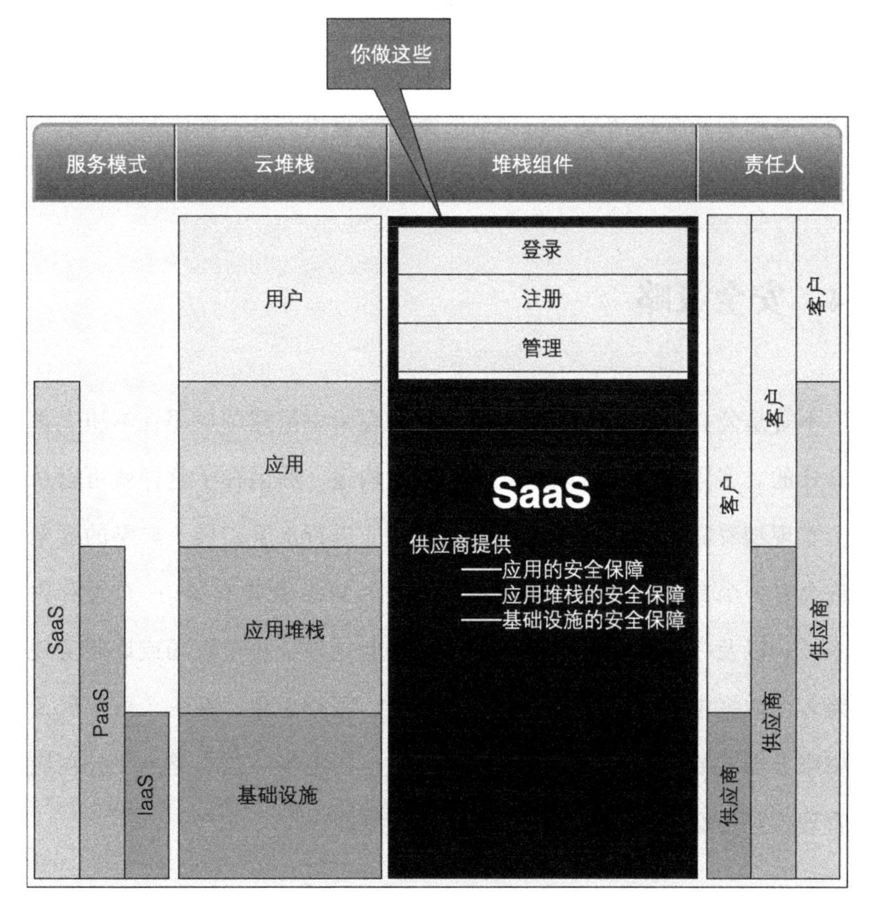


图 9.3　软件即服务（SaaS）

在堆栈的最上层是用户层。在这一层，消费者执行用户管理任务，包括将用户添加至 SaaS 应用中，对用户分配角色、给予访问权限使开发者能在云服务之上构建应用等。在某些情况下，最终用户负责管理其自己的用户。例如，消费者可能在 PaaS 或 IaaS 提供商之上构建了一个 SaaS 解决方案，允许其客户在组织内部自己进行访问权限的管理。

总之，对云服务和云部署模式的选择决定了提供商和消费者各自承担了何种责任。一旦消费者明确了提供商的责任范围，接下来就应该对提供商的安全控制和资格情况进行评估，来确定提供商是否能满足既定的安全要求。

## 9.4 安全策略

不管是公有云还是私有云，绝大多数在云中搭建的应用在本质上都是分布式的。多数应用之所以以此方式进行构建，原因在于这样就可以从程序上实现随着需求上升，应用的能力会相应进行水平扩展。典型的云架构或许会有一个专用的 Web 服务器农场、一个 Web 服务农场、一个缓存服务器农场，以及一个数据库服务器农场。除此之外，每个农场或许还实现了横跨多个数据中心的物理或虚拟上的冗余。不难想象，在一个可扩展云架构中服务器的数量增长会达到何种难以置信的地步。这也是一个公司应当在管理云应用安全时使用以下 3 种策略的原因：

1. 集中化

2. 标准化

### 3．自动化

集中化指将一组安全控制、流程、策略和服务进行合并，减少需要管理和实施安全功能的地方。如应该构建一组常见的服务来认证和授权用户使用云服务，而不是在每一个应用中提供不同的方案。所有有关应用堆栈的安全控制也都应该由一个地方统一进行管理。

我们打个比方来解释集中化的问题。一家杂货店有两个入口，分布在建筑的两端。前门是客户（用户）唯一能进出的地方，而后门是装运（部署）和维修工人（系统管理员）进入的通道。建筑的其他部分都是双层坚固的混凝土墙，并且到处都有监控摄像头。后门有着严密的警卫把守，只有佩戴适当标识的授权人员才能进入。前门有一些基本的保护措施，如双层玻璃窗等，但是任何想要购物的客户在营业时间都可随时进入。如果杂货店变更了其营业时间（策略），则只需要在报警系统里对关门时间进行简单设置即可。同样的思路也可以应用到云系统中。应该只提供有限的访问路径供人员或系统接入，客户应该全部通过同一个能被监控到的入口进入。需要访问的 IT 人员应该有一个单点登录的入口，在进入系统某些部分时要求有适当的控制和证书，并且不能用于其他部分。最后，策略应该集中化并且可配置，以便能进行变更及快速、持续地进行记录。

标准化是另一个重要的策略。对于安全的理解，应该是一种在整个企业内共享的核心服务，而不是针对某一特定应用的解决方案。每个应用都有其独有的安全解决方案，无异于上面那个杂货店比喻里在建筑物的每一面都增加一扇门。在与第三方进行连接时，公司应该考虑对接入系统实施类似 OAuth 和 OpenID 的行业标准。同样，也非常推荐使用类似轻量级目录访问协议（LDAP）之类的标准应用协议来查询和修改诸如活动目录或ApacheDSS 的目录服务。我们将会在第 10 章讨论有关日志和错误信息的标准。

标准化应用在 3 个领域。首先，在实施安全解决方案和选择诸如加密、授权、API 令牌化的方法时，我们应尽量遵守行业最佳实践。其次，安全应以供所有应用共享使用的一组单独服务进行实现。再次，所有的安全数据输出（日志、错误、告警、调试数据等）应遵从标准的命名惯例和格式（我们将在第 10 章对此进一步讨论）。

第 3 个策略是自动化。对自动化需求的最佳示例来自一本名为《凤凰实验》（*The Phoenix Project*）的书。该书讲述了一个虚构但颇有意味的故事，一个公司的 IT 部门总是延期完成任务并且总是拨不出时间来落实类似大量安全任务这样的技术需求。随着时间的推移，他们开始找出可以重复的步骤来将其自动化。一旦将创建环境和部署软件的过程自动化，他们就能够在自动进行的步骤中落实适当的安全控制和流程。在实施自动化之前，由于开发和部署占用了太多时间，因此他们从来没有足够的时间来关注像安全这样的非功能性需求。

自动化之所以如此重要，是因为通过对虚拟机和代码的部署实现脚本化，可以在需求增加或减少时自动进行资源的缩放，这样就无须人力的介入来跟上需求的变化。在按需创建资源的情况下，所有的云基础设施资源都应由自动化脚本来创建，以确保自动进行最新的补丁安装和控制。如果新资源的配备需要人工干涉的话，人为失误会导致安全缺口暴露的风险增加。

## 9.5 焦点领域

在前述 3 个安全策略之外，还有一个我称之为 PDP 的策略必须落实。PDP 由 3 个不同的措施组织，分别是：

1. 保护（**P**rotection）

2. 检测（**D**etection）

3. 预防（**P**revention）

保护是第一个焦点领域，也是绝大多数人都熟悉的领域。我们在这个领域实施全部的安全控制、策略和流程来保护系统和公司免受安全破坏的风险。检测是挖掘日志、触发事件和主动找出系统内安全漏洞的过程。第 3 个行为是预防，如果我们探测到什么，则必须采取必要的行动来防止进一步的损害。例如，如果我们看到某一个 IP 产生了大量失败的登录尝试，就必须采取必要的步骤来阻止这个 IP，以免造成更大的破坏。正如一个审计人员曾经跟我说的：“当然，你的入侵检测系统发现了这些 IP 正在尝试登录你的系统，这很不错，但是你打算怎么做？你的入侵预防措施在哪儿？”

为了保障云系统的安全，我们必须重点关注某些领域的安全控制问题。最重要的一些领域如下：

- 策略实施

- 加密

- 密钥管理
- 网页安全
- API 管理
- 补丁管理
- 日志
- 监控
- 审计

## 策略实施

策略是系统内部用来管理安全的规则。一种较优的做法是使这些规则具备可配置能力，并且将这些规则与使用它们的应用解耦。基本上，我们在云堆栈的每一层都会维护一些策略。在用户层，访问策略通常维护在中央数据存储区，如活动目录中，会通过 LDAP 之类的协议对用户信息进行维护和访问。对用户数据和规则的变更，也应在中央数据存储区内而非应用内进行管理，当然，特定于应用的规则除外。

在应用层，针对应用的规则也应该维护在一个从实际应用抽象出的中央数据存储区内。应用应该通过 API 访问自己的中央数据存储区，这样在策略改变时，在一处进行修改就可以了。中央数据存储区的管理可通过数据库、XML 文件或其他一些方法进行。

在应用堆栈层，操作系统、数据库、应用服务器和开发语言都已经是可配置的了。本层策略实施的关键在于自动化。在 IaaS 环境下，通常会通过把基础设施资源的调配过程进行脚本化来完成策略实施。一种常用的做法是为每个独特的机器镜像创造一个模板。即常说的"黄金镜像"（gold image）。黄金镜像包含了有关访问、端口管理、加密等各方面的所有安全策略，可被用来搭建运行应用堆栈和应用的云服务器。当策略变更时，黄金镜像也会根据变更的内容进行升级。然后会配置生成新的服务器，把那些陈旧、过时的服务器资源释放出来。通过脚本化，我们能完成整个过程的完全自动化，消除人为失误。这种方法要比对现有服务器升级或打补丁容易得多，特别是在拥有成百上千台服务器的环境下。

**建议：**在云堆栈的每一层都要确定策略，并将之隔离在一个中央数据存储区内。将所有的访问以策略（如 API、标准协议或脚本等）的形式进行标准化处理。在步骤可重复时（如黄金镜像、部署等），实现策略的自动化执行。

## 加密

在云中处理敏感数据时，应始终对数据进行加密。任何包含敏感数据并且通过互联网处理的消息都应采用诸如 https、sFTP 或 SSL 等安全协议。但是只保证传输中的数据安全还远远不够，在静态存放时也需要对某些属性进行加密。静态存放指的是数据存储的位置。通常数据存储在数据库中，但是有时会以文件的形式存放在文件系统中。

加密可避免数据被人直接看到，当然也会增加成本。如果应用想要理解数据的内容，则必须对数据进行解密然后才能进行读取，相应地也增加了处理时间。所以，只是简单地对每一项属性都进行加密通常并不具备可行性。我们需要的只是对个人身份识别信息（PII）数据进行加密。以下是属于 PII 的数据类型：

- 人口统计信息（全名、社会安全号码、地址等）
- 健康信息（生物统计、用药、病史等）
- 财务信息（信用卡号码、银行账户号码等）

我们还应对那些可能会将系统信息泄露给未授权用户系统从而导致攻击的属性进行加密。这类信息包括：

- IP 地址
- 服务器名称
- 密码
- 密钥

加密的方式多种多样。在数据库中，可以在属性级、行级或表级加密敏感数据。在我曾经工作过的一家初创企业中，一家企业选择了我们的健康保险应用，我们为其提供员工生物特征识别数据的维护工作。根据设定，这些数据只是在员工初次登录系统时才需要。我们最终的做法是，创建一张与员工表关联的员工生物特征识别信息表，将所有的 PII 数据隔离到一张表中，并只对这一张表加密。这带给我们的好处是：

- **简洁**。我们可以在表级管理加密。
- **性能**。对于出于各种原因可能会被经常访问的员工表，我们没有进行加密。

- **可追溯性**。鉴于对所有的属性都进行了隔离，并且对表进行的所有 API 调用都可被追溯，出示隐私证明要简单得多。

对于存放在数据库之外的敏感数据，同样有不少选择。数据可以在传输之前进行加密，并且以加密状态进行存储。存放数据的文件系统或目录可以进行加密。对文件的访问也可以设置密码保护，要求用密钥进行解密。另外，有许多云存储提供商提供了认证的存储服务，可以安全地将数据发送到一个云服务中，进行加密和保护。这些服务类型通常用于为符合 HIPAA 规定而进行的医疗记录存储。

**建议**：对流入和流出系统的所有敏感信息进行识别鉴定。在传送或静态存储过程中要对所有的敏感数据进行加密。设计时考虑简洁和性能。对敏感数据进行隔离，做到访问量最少，因频繁解密带来的性能影响也最小。对云供应商进行评估，确保他们能提供你的应用所需的加密等级。

## 密钥管理

密钥管理涉及的内容较广，值得我们用一章的篇幅来对其进行说明，但是我会尽量做到简明扼要。这里，我想说的重点是公私密钥对。公私密钥是两个唯一且数学相关的加密密钥。公钥保护的任何对象，都只能通过相对应的私钥进行解密，反之亦然。使用公私密钥对的好处在于，如果一个获得授权的人或系统对数据进行了访问，那么只有具有对应密钥的情况下才能解密和使用数据。这也就是我建议使用加密和密钥来规避《爱国者法案》和其他许多国家都有的政府监管政策影响的原因。

维护系统的安全，很重要的一部分就是对这些密钥的管理。我们必须遵守一些基本的准则来确保这些密钥未经许可没有暴露给任何人或系统。

毕竟，如果保管不当，这些密钥也就意味着没了价值。以下是一些最佳实践经验总结。

不以明文存储密钥；确保在存储之前对密钥进行了加密。不在代码内对密钥直接进行引用。对密钥应用集中管理策略。将所有的密钥存储在应用外部，提供自应用内请求密钥的唯一的安全方法。如果可能，应每隔 90 天对密钥进行一次转换。当密钥是由云服务提供商提供时，这一点显得尤为重要。如用户在注册 AWS 账户时会得到一对密钥，然后最终会将所有的生产系统都部署在这一账户之下。而如果 AWS 账户的密钥因没有得到妥善保管而落入“他人”之手，可能会造成多大的损害？如果从未转换密钥，就会出现离职人员仍然知道密钥的风险。所以密钥转换应该是一个能在紧急情形下执行的自动过程。举例来说，假如在云环境下某个系统被攻破，那么在威胁解除之后就应该立刻转换密钥以降低密钥被盗的风险。同样，如果一个能访问这些密钥的员工离开了公司，这些密钥也应立刻进行转换。

另一个最佳实践经验就是确保密钥没有放在他们所保护的同一台服务器上。也就是说，如果公私密钥对被用来对数据库的访问进行保护，那么就不要将密钥存放在数据库服务器上。密钥应存放在一个被隔离和保护的环境里，访问受限，有备份和恢复措施，并且完全可审计。因为没有密钥，任何人都无法解读数据的内容，所以密钥的丢失无异于数据的丢失。

**建议**：确认系统内所有需要公私密钥对的区域。应用之前讲过的策略管理最佳实践经验，实行一种密钥管理策略。确认密钥没有以明文进行存放，定期转换，并在一个访问受限的高度安全的数据存储内进行集中管理。

## Web 安全

Web 系统是攻破系统最常见的入口之一。如果缺乏适当的安全等级，未授权人员和系统就可以在传输过程中拦截数据、注入 SQL 语句、劫持用户会话，以及完成各种恶意行为。Web 安全是一个不断变化的领域，因为一旦行业找出了如何解决一个现有威胁的办法，攻击者就会找出新的攻击方法。

基于 Web 的应用需要得到保护以免受网页漏洞的危害，并且出于安全和隐私的原因，关键数据元素必须进行加密。构建安全的 Web 应用的最好办法是使用 Web 框架，并保持更新。典型的 Web 框架有用于 Python 的 Django、微软的.NET 框架、PHP 的 Zend 框架、Ruby on Rails，以及用于 Java 的 Struts。当然还有更多的框架可用，但关键在于保持使用所选框架的最新版本。因为随着新的漏洞的不断出现，这些框架都会进行修补来解决新的漏洞问题。而使用较早版本的框架或许不能保护免受较新的漏洞利用。使用框架并不能确保 Web 应用完全安全，但会采取大量最佳方法来保护 Web 应用免受许多已知的漏洞利用。我曾经帮助一个初创企业筹划云审计策略。当我们对 Web 漏洞进行扫描时，Web 应用只呈现出非常少的漏洞。作为刚刚创立的公司，产品团队在安全上花费的精力并不多，但是由于它使用了 Web 框架，所以保护了公司免受大多数漏洞利用的影响。

对构建 Web 应用的公司而言，最好的办法就是使用针对相应应用堆栈的 Web 框架。例如，微软开发者应使用.NET 框架，PHP 开发者应使用类似 Zend 的框架，Python 开发者使用的是 Django 框架，而 Ruby 开发者使用的是 Rails。

框架的使用不代表Web安全问题的解决，在构建安全系统方面还有更多安全设计需要考虑（我在本章中已经提到了不少）。但不管怎样，绝大多数框架在保护免受排名前十的主要Web威胁方面已经做得相当不错。关键在于确使自己使用框架的最新版本并保持升级和打补丁。毕竟，安全的目标在不断变化。

另外，使用Web漏洞扫描服务也是一个好办法。现在已经有了一些完成这类扫描的SaaS解决方案。它们会持续扫描然后提交漏洞报告；也会对漏洞的严重程度进行排序，并对问题描述及推荐解决方案提交详细的信息说明。在某些情况下，云服务消费者可能会在其合同中要求Web漏洞扫描服务。在我的一个初创企业中，鉴于我们处理的数据类型的敏感性，客户要求扫描的情况非常普遍。

**建议：**借助最新版本的Web框架来保护免受排名前十位的Web漏洞的威胁。主动并持续进行漏洞扫描来检测安全漏洞，并在那些心怀不轨的人发现之前解决漏洞问题。要明白，虽然这些框架不能保证系统一定安全，但相对你自己的Web安全而言，还是会大大提高Web应用的安全等级。

## API管理

在第6章中，我们详细讨论过表述性状态转移或RESTful Web API。云架构的优势之一，就是我们可以通过API的使用轻易整合不同的云服务。然而，这却带来一些令人关注的安全问题，因为系统内的每一个API都有可能从外部通过页面进行访问。不过幸运的是，在这方面已经开始出现了一些标准，使得各个公司不必从头构建自己的API安全。实际上，对于与合作伙伴和客户共享API的公司来说，最好能使你的API支持OAuth和

OpenID。如果存在不能使用 OAuth 或 OpenID 的场景，那么使用通过 SSL 进行的基本认证。当然，现在也有一些 API 管理 SaaS 解决方案可用，如 Apigee、Mashery 和 Layer7。这些 SaaS 提供商可以帮助保证 API 的安全，同时也提供许多其他的功能，如监控、分析等。

以下是一些构建 API 的最佳实践经验。在客户和提供商之间尽量避免使用密码，而应使用 API 密钥。这种方法使经常变化的用户密码不再具有保存的必要。使用密钥代替密码的最重要的原因在于，密钥更安全。绝大多数密码在长度上都不会超过 8 个字符，因为太长了用户很难记住；而且，许多用户并不会创造强密码。使用密钥会产生一个更长、更复杂的通常是 256 个字符的密钥值，并且密码是由系统而非用户生成的。密码机器人想要破解密钥值的密码所需尝试的组合数，要远大于 8 位数字密码所需的次数。如果你基于某种原因必须存储密码，则确保其以类似 bcrypt 的加密工具对最新版本进行了加密。

最好的办法是避免会话和会话状态，以避免会话劫持的发生。如果你以正确的方式构建了 RESTful 服务，那这一点并不难做到。如果你使用的是 SOAP 而非 REST，那么你就需要维持会话和状态，然后将自己暴露在会话劫持的风险之中。另一个方法是，在处理每一个请求时重置认证，这样，即便一个未授权用户通过某种方式得到了认证，在请求结束之后他就再也不能访问系统；否则的话，如果认证没有被终止，未授权用户可以保持连接，从而带来更大破坏。下一个建议是基于请求的资源内容而非 URL 进行认证。URL 更容易被发现，并且比内容资源要脆弱得多。除此之外，审计人员发现的一个常见错误是，开发者通常在资源内容中留下太多信息。因此，确保产品中没有调试信息，并确保从资源内容中排除了描述版本号的信息或对底层应用堆栈的描述。例如，一个审计人员曾经对我们的一个API做出警告标记，因为它泄露了我们运行的Apache的版本。任何服务消费者不需要的信息都应从资源内容中移除。

**建议**：不要自己搞安全系统，使用类似OAuth这样的行业标准。避免使用密码，时刻使用SSL、对资源内容内部的敏感属性进行加密，并且只将资源内容里绝对必要的信息包含在内。另外，对安全即服务方案和API管理方案进行评估，在架构内需要的地方使用它们。

## 补丁管理

给服务器打补丁的情况不仅适用于IaaS云服务模式，也适用于私有云部署模式。在使用IaaS时，云服务消费者对应用堆栈负责，因此必须对操作系统、数据库服务器、应用服务器、开发语言，以及其他所有组成的系统软件和服务器的安全进行管理。私有的PaaS解决方案同样如此。对于SSAE 16 SOC 2审计这种关注安全的监管来说，对系统打补丁的行为应至少每30天完成一次。不仅需要对服务器打补丁，审计人员还要看到打补丁的证据及对应的打了什么补丁的日志。

我们有很多方法可用于补丁管理，但不管选用哪种方法，都应尽可能以自动化的方式进行。但凡有人工介入，都有可能导致生产问题以及遗漏或忘记修补某些补丁等风险的出现。打补丁的常见方法就是使用之前说到的黄金镜像。每一个特有的服务器配置都应有一个具有最新安全补丁可用的镜像。这个镜像应被提交到源代码库中，进行版本标记以产生变更记录满足审计需求，并且还要能够回滚以免部署产生问题。每隔30天，都应将最新的黄金镜像部署于生产，并停用旧有版本的服务器镜像。不建议将安全补丁应用到现有服务器上；而应遵循创建新的、销毁旧的服务器的原则。这样做主要有两个原因。首先，保持现有服务器的系统环境不变更简单，风险也最低；其次，如果部署新的镜像之后出现明显问题，那么重新部署之前版本的镜像，要比从现有镜像中恢复软件和补丁容易、安全得多。

对于落实了持续交付的公司而言，修补漏洞要相对容易得多。在持续交付模式下，软化和环境是一起进行部署的，保证了部署总是以最新的黄金镜像的版本进行。在绝大多数持续交付团队中，软件的部署时间从每两个星期到每天都有，在某些情况下，还可能有一天几次的情况。在这些环境中，服务器经常得到刷新，时间要远小于每 30 天更新一次。在这种情形下，补丁策略就使至少每 30 天更新一次黄金镜像成为一种必要。但是因为最新的黄金镜像已经定期进行了部署，所以就不需要再额外制订一个安全补丁部署计划了。

**建议：**至少每 30 天创建并生成一个包含了所有最新和最重要安全补丁的黄金镜像，将其提交到源代码库中。实现部署过程的自动化，这包括从源代码库中找出最新的黄金镜像，基于黄金镜像完成新的软件和新的环境的部署，同时停用当前包含前一个黄金镜像版本的生产服务器。不要试着升级服务器，替换它们。

## 日志、监控和审计

日志指的是所有系统记录的采集。这些记录来自基础设施、应用堆栈和应用。对系统内发生的每个事件，尤其是有用户或系统请求访问的事件进行记录是一种很好的做法。我们将在第 10 章对日志进行详细讨论。

监控指通过一套工具监视系统的过程，该套工具提供了有关系统健康及活动发生的信息。较优的做法是实施一组监控工具来观察系统上发生的活动并查找安全风险。监控包括观察实时活动及挖掘日志文件。我们将在第 12 章对监控进行讨论。审计是这么一个过程：核查安全流程和控制，以确保系统符合所要求的法规控制及满足系统的安全要求与 SLA。第 7 章对审计进行了说明。

## 9.6 总结

云计算的流行使人们开始愈发注意到构建安全的应用和服务的重要性。云服务提供商所担负的责任层级取决于云服务消费者所选择的云服务模式和部署模式。消费者千万不能单纯地依赖其提供商来负责安全工作。相反，消费者必须在安全方面采取一种三管齐下的方法，对应用和服务采取最佳的安全措施，监控和检测安全问题，以及通过主动解决监控日志发现的问题来实施安全防护。提供商提供了构建高度安全应用和服务的工具；在提供商服务之上搭建解决方案的消费者，必须在适当的安全等级和遵守自身客户所要求法规的前提下使用这些工具进行系统的搭建。

# 第10章　创建集中化的日志策略

故障排除的问题在于，有可能会带来更多故障。

——匿名

对于每一个基于云的应用来说，日志都非常重要。当我们从旧有的客户端-服务器架构转向基于云的分布式架构时，系统的管理就变得复杂起来。许多基于云的系统在搭建时就是为了可以按需进行扩展或缩减。在系统内部，随着工作负载的增长和减少，计算资源会自动得到分配和撤销。弹性的云应用的这种动态属性，使日志信息与产生这些日志的物理服务器的分离成为一种需要，这样这些信息在云资源消失时才不会丢失。

本章将要讨论的内容包括日志文件的使用和搭建集中化的日志管理策略的要求。

## 10.1 日志文件使用

对那些在云中构建高度分布式系统的人而言，有一个可靠的日志策略，对于构建安全且可管理的解决方案而言非常重要。日志文件在数据库操作行为、用户访问、错误和调试信息等方面，有着非常有用的信息。在一个分布式环境中，公司构成整体解决方案的服务器可能有几十、上百或数千台，如果没有一个集中化的日志解决方案，在日志中查找数据无异于大海捞针。

日志文件有许多用途。以下是绝大多数系统中主要的日志文件使用方式：

- **故障排除**。收集调试信息和错误消息，分析生产环境中发生了哪些事件。
- **安全**。跟踪所有的用户访问，既包括成功的访问，也包括不成功的访问尝试。要知道，对入侵检测和欺诈检测的分析基本上依靠于那些正在收集的日志。
- **审计**。要通过审计，就必须向审计人员提供一连串的数据。只有流程和控制文档是不足以通过审计的；还需要有从日志中获得的真实数据来为这些文档背书。
- **监控**。积极主动地确定趋势、异常、阈值和其他变量，公司就可以在问题变得明显之前及对最终用户造成影响之前将其解决。

很多企业在过去对应用和系统安全并不在意，但对云的采用增加了人们对相关必要性的认识。也有不少公司认为自己的防火墙已经带来了足够安全；但实际上由于应用安全的缺乏，这些公司通常都有着巨大的安全漏洞。现在大家都开始重视安全，公司在云中构建解决方案自然会采用最高的标准，如 ISO 27001、SSAE 16、PCI 等。任何经历过这些审计的人，都知道通过条件之一就是必须要锁定对生产服务器的访问权限。这就要求公司必须有相应的日志策略，在单独的服务器农场之上集中维护日志，这样，管理员就可以移除开发者对所有生产服务器的访问权限。而如果没有这样的日志策略，那么公司将不得不允许开发人员和运营人员访问生产服务器，但这样肯定无法通过审计。无论是从安全角度还是人为失误的可能性来看，这都是非常危险的情况。

## 10.2　日志记录要求

架构集中化的日志策略有两个关键要求。

### 将记录写到一个隔离的存储区域

第一个要求是将所有的记录写到一个冗余且隔离的存储区域。在一个 IaaS 应用中，集中化日志解决方案的设计可能如图 10.1 所示。

在这种设计中，所有的日志统一写入系统日志，而非直接写在本地机器的磁盘上；然后每台服务器上的系统日志会被直接传送到一个专用的、应该在多个数据中心或亚马逊所谓的可用区域（AZ）实现了冗余的日志服务器农场。一旦数据达到日志服务器农场，就有多个日志记录方案——开源和商业的都有——将数据转换成 NoSQL 数据库。这些工具还提供了丰富的用户界面功能，使最终用户可以搜索日志和计划作业、触发警报、创建报告等。通过这些策略，企业能够做到：

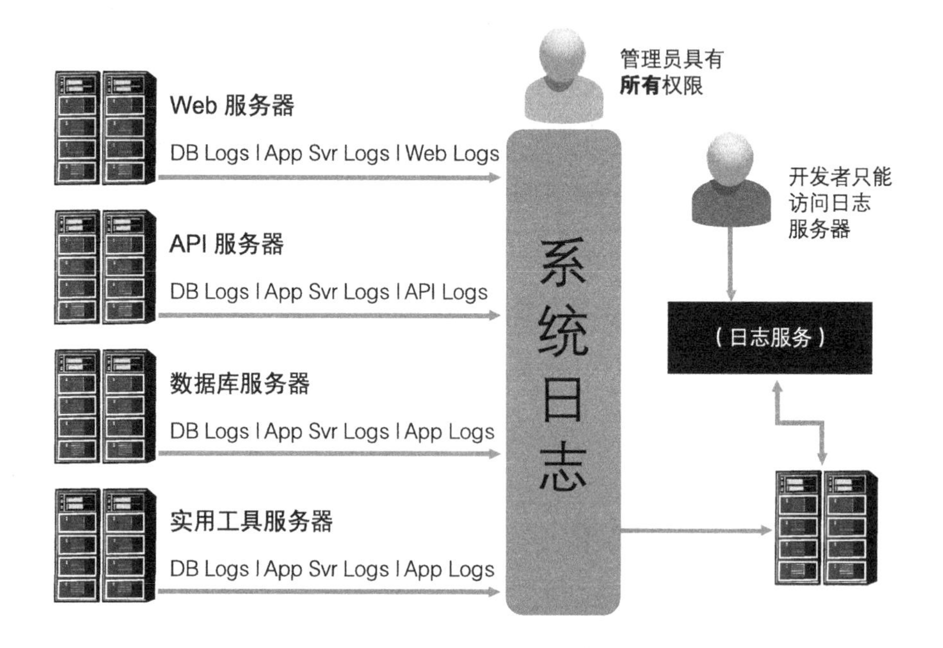


图 10.1　集中化日志策略

- 使管理员可以关闭所有开发人员对生产环境下所有服务器的访问权限。开发人员只能通过一个安全的用户界面（UI）或应用程序接口（API）访问生产日志服务器。
- 因为所有的日志存放一处，审计变得非常简单。
- 数据挖掘和趋势分析变得更可行，因为所有的日志数据都存放在一个 NoSQL 数据库中。

- 进行入侵检测变得更加容易，因为工具可以运行在中央日志数据库之上。
- 因为数据不在随时可能被撤销的服务器的本地磁盘上存放，所以日志数据的损失会减少到最低程度。

IaaS 之上的应用可进行一些选择。如果应用团队想要搭建和管理自己的日志方案，则需要单独配置一个日志服务器（或者两个或更多以进行冗余），并对操作系统进行配置来使用操作命令，如基于 Linux 的系统使用 syslogd、Apache 使用 log4J、.NET 使用 Log4Net 等。除此之外还有很多可以用来帮助日志管理的工具。一旦全部的日志都按指定路线发送到了一个中央存储库，在此之上就有许多提供易用的搜索、作业调度、事件处理和通知功能的开源和商业产品可用，进行日志的筛选。

另一个可选择项是使用软件即服务（SaaS）日志解决方案。在这种模式下，日志被发送至一个基于云的集中化的“日志数据库即服务”方案。SaaS 日志方案有许多好处。首先，团队不再需要搭建、管理和维护通常并非核心功能的日志功能；其次，日志在公司之外的某个可扩展、可靠的第三方云基础设施上进行保存。再次，如果数据中心的任意部分发生故障，日志服务将不会受到影响。如果一个公司使用了多个云平台（例如，AWS 和 Rackspace），SaaS 日志方案会更具有吸引力，因为从不同云服务提供商（CSP）的云平台处得到的日志文件能在一个地方进行管理和维护。

许多平台即服务（PaaS）解决方案都与最流行的日志 SaaS 方案，如 Loggly 和 Logentries 进行了集成，这些方案提供了 API，可对集中化的日志解决方案进行访问。与构建和管理日志服务器不同，PaaS 用户可以只为所使用的功能付费。PaaS 平台上所谓的日志附件组件或者插件，是 PaaS 对开发者如此具有吸引力的原因之一。开发者可以启用类似日志、监控、数据库即服务、消息队列、支付服务的插件，而无须编写代码，也无须在与这些方案集成的问题上大费周章。

一些公司可能会选择自己管理日志记录，因为它们不想将任何自己的数据放在公司外部。这些公司在用推向市场的速度换取控制权，因为与使用 SaaS 解决方案相比，这样做需要它们投入更多的工作。当 CSP 出现服务中断时，使用 SaaS 解决方案处理日志的另一个好处会更加明显。如果公司在 CSP 的基础设施之上管理日志系统，日志解决方案也可能会中断；而无法访问日志的话，基本上很难排查导致故障的问题到底是什么。但是在 SaaS 模式中，即便 CSP 服务中断，所有的日志也都能进行访问。

## 标准化日志格式

集中化日志策略的第二个关键要求是将所有的日志格式、命名规范、严重级别，以及所有消息的错误代码都进行标准化处理。将所有的日志记录存放在一个集中位置起了个好头；但是如果实际的记录消息没有以标准方式进行设计，数据的价值将会非常有限。最好的办法是构建一个公用服务，以常见的日志消息格式书写应用消息。此外，在设计 API 时也要使用标准的 http 错误代码，使用标准的类似 RFC 5424 Syslog 协议来标准化严重级别，如表 10.1 所示。

表 10.1 RFC 5424 严重性代码

| 代 码 | 严重性 |
|---|---|
| 0 | 紧急：系统不可用 |
| 1 | 警报：必须立刻采取行动 |
| 2 | 危险：危险情况 |
| 3 | 错误：错误情况 |
| 4 | 警告：警告情况 |
| 5 | 注意：正常但值得注意的情况 |
| 6 | 信息：信息消息 |
| 7 | 调试：调试级别消息 |

来源：tools.ieft.org/html/rfc5424。

最后，对错误描述创建一个常用词汇表，包括可用于追踪的诸如日期、时间、服务器、模块或 API 名称的属性，并始终使用同样的术语。例如，如果一个系统有多个区域对身份证件（ID）进行认证，则始终使用同样的术语，如认证失败或拒绝访问。如果使用了同样的术语，那么从日志工具进行的简单搜索会提供一致的结果。实施一致命名的一个方法是使用一个开发者能调用的数据库或 XML 数据存储。这消除了开发者使用不同描述的可能性，避免日志数据的价值因此而降低。另外，将这些属性存放在一个数据存储中，不需要构建或部署就能对数据进行变更。

标准对于优化搜索和输出一致性结果的意义非常明显。日志消息中包含的数据越标准，在设计时能进行的自动化程度越高。这样就可以运行作业检测模式，并在日志内容不一致时向适当的人员发出警报，而不是被动的、聘请人员查找日志中有什么异常。审计报告也可以自动产生。基于对常见问题的检测，可以推断出趋势报告。统计数据可以与部署行为绑定起来，主动分析每种部署模式的质量。而如果所有的日志数据都完成了标准化的工作，就能够通过编程实现大量积极主动的洞察分析。这是提高自动化和主动监控的关键策略，能带来较高的服务等级协议（SLA）和客户满意度。

## AEA 案例研究：日志策略考虑

在评估其日志策略时，顶点拍卖在线（AEA）考虑以下问题：

- 出于安全和风险的原因，限制所有的开发人员对生产服务器的访问。
- 需要能够按参与者（渠道合作伙伴、应用商店开发者、广告联盟、AEA）区分日志记录。
- AEA 用户能看到所有参与者的日志，但是外部参与者只能看到自己的日志。
- 必须创建标准化的日志和错误消息，并发布给外部参与者。
- 监控服务将会对日志数据进行挖掘，找寻能发出警报和告警的模式。
- 在 API 之上开发的外部参与者将会需要日志访问来进行故障

排除。

基于这些需求以及日志并非 AEA 核心能力的事实，AEA 选择对基于云的日志方案进行评估。日志方案需要支持 API 接入，这样监控方案能访问日志文件中的数据。通过使用集中化的日志解决方案，所有的生产服务器都能被锁定，无论是内部还是外部的开发人员都没有服务器的访问权限。外部合作伙伴将得到受限的访问接入，只能看到自己的数据。AEA 将能够对日志方案进行配置，从而能快速上线运行，这要比自己开发快得多。这样，AEA 就有更多时间在自己的核心业务上，即为拍卖爱好者构建卓越的用户体验，提供一个高扩展性和高可靠性的网站。

## 10.3　总结

日志文件对任何基于云的系统都很重要。使日志更容易访问、一致性、有意义、可搜索，以及集中管理，是所有云方案的核心策略。在许多系统中，日志通常是一个事后的想法。但实际上应被看作安全和 SLA 管理所需的关键组件，并应在一开始就进行设计。日志是 IaaS、PaaS 和 SaaS 云服务模式的重要管件。正如在每一栋房子或建筑物的建设过程中，管道是蓝图的基础一样。没有建筑师会在涂石膏板之后才添加管线。也没有云应用会在开发结束之前才落实日志策略。

# 第11章 SLA管理

如果你觉得好的架构有点儿太贵了，那不如试试坏的架构看看怎么样。

——布莱恩·富特和约瑟夫·尤达

服务等级协议（SLA）是云服务提供商（CSP）和云服务消费者（CSC）之间的协议，设定了CSP承诺提供给CSC的服务等级的期望值。SLA对基于云进行的服务非常重要，因为CSP代替消费者承担了某些责任。消费者需要得到保证——CSP将会提供可靠的、安全的、可扩展的和可用的服务。关于SLA，有两方面的内容需要考虑。一方面，在IaaS或PaaS提供商之上搭建云服务的公司必须考虑其CSP的SLA；另一方面，公司也需要建立能满足其目标客户需求的SLA。本章对定义SLA的步骤进行讨论。

## 11.1　影响 SLA 的因素

云的 SLA 可能会非常复杂，尤其在牵涉到多个 CSP 来组建云服务的情况下。一个公司使用多种云服务模式来搭建解决方案的情况并不少见。例如，我们所虚拟的初创企业——顶点拍卖在线（AEA），使用 IaaS CSP 来提供基础设施层，PaaS 提供商提供应用堆栈层，以及一系列软件即服务（SaaS）方案和第三方 API 来提供各种核心的公用功能。每一个参与 AEA 整体平台搭建的 CSP 都有自己的 SLA。AEA 必须在向自己的客户承诺服务协议之前，对这些 SLA 进行全盘考虑。

定义 SLA 的第一步就是明确客户的期望。影响客户期望的因素有客户的特征、提供服务的关键程度、提供商和消费者之间的交互类型等。有许多客户特征会影响对 SLA 的定义，比如：

- 消费者对比企业客户
- 付费用户对比非付费用户
- 受监管行业对比不受监管的行业
- 匿名对比身份认证

许多直接向消费者提供的、针对非关键任务的服务，并不提供有关性能、运行时间和可靠性的 SLA。服务的条款强调对 CSP 的保护，并以“不予变更”的方式向消费者提供服务。消费者如果想要享受服务，就必须接受这些条款。CSP 最多允诺尽最大努力来确保消费者数据的安全并维护其隐私。

SLA 的要求越高，所需投入的管理和维护精力也就越多。所以，非付费用户能获得的 SLA 通常要比付费用户低。就像老话说的，“一分钱一分货”。某些云服务向客户提供免费试用的服务，可以在购买之前先试用。这些“免费增值”服务通常运行在最低成本的机器上，功能有限。CSP 的目标是以尽可能小的成本来让消费者试用服务。一旦消费者升级到了付费层级，就会启用更高的服务等级。

受监管行业的客户，会比不受监管的行业客户要求更高的 SLA。健康医疗、银行、保险、政府、零售和其他行业在性能、运行时间、安全、隐私、合规等方面需要更高的 SLA。使用类似照片分享、流式视频和社交媒体的客户通常只需要隐私方面的 SLA。

云服务要求的个人信息数量和信息类型同样也对 SLA 有着很大的影响。有些云服务向大众提供免费的功能使用，所以不提供 SLA。另一些云服务可能会收集个人身份识别信息（PII），如生物特征识别数据、社会安全号码、信用卡信息和其他受到严格管理的属性等。如果要收集 PII 数据，就需要提供高等级的安全和隐私 SLA。

服务的重要程度也是一个定义 SLA 的关键因素。社交媒体服务不是关键业务。Twitter 停止服务 10 分钟不会造成任何人的死亡。而交付基于云的零售终端（POS）系统的公司必须提供极高的 SLA，因为如果使用 POS 方案的零售商不能记录所卖货品的金额并实现收付，可能会损失上百万美元。任何涉及金融交易的服务，如网络银行、移动支付和电子商务等，都要求非常高的 SLA。糟糕的服务等级对这类业务的影响将会非常巨大。关键业务的服务需要最高的 SLA。

有一点值得重视,就是 CSP 可以对其产品的不同部分提供不同的 SLA。例如，我曾经为一家搭建平台即服务的初创企业工作，平台在一个大型的经销商网络内部执行数字激励，包括 4 个独立的部分：交易处理、B2C 组件、B2B 组件和应用程序接口（API)。平台的每个部分都有不同的需求。交易处理是平台最重要的部分，它将零售商的 POS 系统与我们在云中的平台实时连接在一起。当消费者在某个杂货店购物时，交易从商店发送至我们的基于云的兑付引擎，引擎会判断是否有任何数字优惠券可用于该笔订单;然后在亚秒级向 POS 返回其回应,POS 系统从订单中抵减数字优惠券,并产生收据。平台这部分的 SLA 非常高，因为任何延迟或中断都会给零售商在收入方面带来巨大的损失及造成客户的满意度问题。B2C 平台也必须在一天之内处理全球范围内上百万的交易。另一方面，B2B 站点一天只为不到 100 个客户提供服务，负责将内容装载到平台上。如果网站发生故障,并不会对 POS 系统造成影响。唯一的影响是不能再添加新的商品，现有的商品也不能进行变更。B2B 站点的影响和性能需求远不如交易处理重要，所以 SLA 也较低。

一旦客户特征得到识别，并且对架构各组件的关键程度进行了评估，下一步就是详细列出所有提供和消费云服务的参与者的名单；对与云方案搭建有关的每一家 CSP 的 SLA 进行审查和进行风险评估。例如，如果方案在 Rackspace 之上搭建，公司应弄清楚 Rackspace 的 SLA，以及就这些 SLA 履行而言的过往记录,并制定出当 Rackspace 出现故障时的应对策略。如果云服务非常关键，类似前述数字激励平台的交易处理服务，架构就必须有一个 CSP 服务失效时的容错方案。在数字激励平台的案例中，采取的方式是投入大笔资金搭建横跨多个 AWS 可用区域架构每一层的完全冗余。可以说，是 SLA 驱动了设计决策。我们的客户要求有那种程度的服务等级，投入是理所当然的。

SLA 可以驱动云服务模式和云部署模式的决策。以我们的数字激励平台的交易处理模块来说，运行时间的 SLA 要求非常高，单个交易的平均每月响应时间的指标又非常低，下面两个原因就决定了根本不可能使用 PaaS 方案。第一个原因是我们需要对数据库、应用服务器和操作系统进行控制，以使性能最大化，而且不能依赖某一个 PaaS 来满足我们的性能 SLA。第二个原因是如果交易处理模块不能满足 SLA 所要求的高运行时间，零售商很可能就会终止合约。为了降低这种风险，我们就不能受 PaaS 解决方案服务可能中断的制约。某些公司在同样的约束下，可能会因为同样的原因选择私有云。我们发现即便依赖于一个公有的 IaaS 供应商，但如果使用了 AWS 的多个可用区域，也能满足自己的 SLA 要求。最终结果是我们从来不会在任何的 AWS 服务中断时错过一次交易。而如果我们使用了类似 Heroku 这样的公有 PaaS 服务，虽然也能够达到性能指标，但可能会在 Heroku 发生那几次服务中断时错过某些交易；并且在这些情况发生时，我们什么都做不了，只能等 Heroku 自己解决问题。B2B 应用或许能接受这样的情况，但是对于交易处理而言这可能是致命的问题。

消费者的期望也对 SLA 的选择起决定作用。Reddit 这样的社交媒体网站和 Gmail 这样的企业级电子邮件解决方案在消费者的期望上有着巨大的不同。许多社交媒体网站甚至不会提供任何有关性能和可用性的 SLA，至多会定义一些服务条款，向用户保证它们会尽量保护消费者的个人数据。而这些社交媒体网站所用的服务条款里绝大多数的法律语言都是为了保护提供商而非消费者。对企业解决方案而言，情况就完全不同了。企业希望 CSP 提供高性能的 SLA，通常是至少 99%或更高的运行时间。

## 11.2　界定 SLA

一个公司可以既是云消费者也是云提供商。也就是说，一个 IaaS 云服务提供商的消费者，在搭建了 SaaS 解决方案之后，就变成了其客户的云提供商。本节要讨论的 SLA 适用于那些在公有、私有或混合云上搭建了解决方案的公司，而非 AWS、Rackspace、微软等其他提供 IaaS 和 PaaS 解决方案的供应商。

以下是在云提供商和企业云消费者之间签订的合同中常见的基于指标的 SLA 类型：

- 应用/服务的整体运行时间
- 页面加载时间
- 事务处理时间
- API 响应时间
- 报告响应时间
- 事件解决时间
- 事件通报时间

对基于指标的 SLA 的跟踪和汇报是通过日志和监控的结合来完成的。在第 10 章，我们讨论了有关在中央存储库收集日志信息的策略，以及如何通过使用标准格式、命名规范和突发事件代码来使日志数据更具有相关性。第 12 章将会讨论监控和生成 SLA 指标和报告以及其他有用信息的策略。

从监管、安全和隐私的角度来看，以下是企业云服务消费者在与 SaaS 和 PaaS 方案提供商签订的合同中通常会提出的一些需求：

- 安全和隐私保障
- 公开的突发事件响应计划（有时还要求有突发事件咨询服务）
- 网页漏洞扫描和报告
- 已发布的灾难恢复计划
- 安全港协议
- 数据所有权声明
- 备份和恢复处理文档
- 源代码托管

企业客户希望能够每月得到指标性的 SLA 报告，并且经常要求有权自己执行年度审计来掌握安全和监管相关的 SLA 执行情况。在第 7 章中，我们已经讨论了审计控制相关的控制和流程。最好的办法就是创建一个对所有已经落实的安全、隐私和监管控制进行简要说明的文档，当客户有要求时进行提供。文档会包含所有已通过的审计的证书，如 SSAE 16、HIPAA

等。同时还应准备审计报告、网页漏洞扫描报告、月度指标报告，以及其他任何能证明与客户所签合同中所含 SLA 相符的文件。

公司应根据自己的路线图，对所需的 IT 工作创建一个单独的工作流。但是由于牵涉的工作太多，很难提前完成所有的规划。所以从最低可行性产品（MVP）的角度而言，产品团队必须制订出相应的计划，哪些用户故事的优先级最高，以及随着项目推进如何逐步交付这些用户故事。例如，如果现在是 1 月份，而预期产品在 11 月时将会通过一个特定的审计，这种情况下就没有必要在最初的几次冲刺时牺牲可能吸引到更多客户的核心业务功能，去实现所有的安全和监管故事。

IT 用户故事是应用开发和系统管理任务的结合。从讨论诸如安全、数据注意事项、日志、监控等话题的设计研讨会中会产生一些用户故事，应用开发人员就要完成这些故事的搭建。

运维团队在 SLA 和监管管理方面扮演着重要角色。正如我们在第 9 章讨论过的，集中化、标准化和自动化是确保系统安全和通过审计的关键。运维负责了 SLA 管理中大部分的自动化和策略实施。我们将会在第 14 章中对此进一步讨论。

## 11.3　管理供应商 SLA

顶级云服务提供商会提供各种各样的 SLA 承诺。对于大多数成熟的 IaaS 和 PaaS 的供应商而言，正常运行时间的 SLA 介乎 99.9% ~ 100%之间。所以作为主要的 PaaS 解决方案提供商之一，Heroku 竟然不提供运行时间

SLA，这在今时今日多少有些令人吃惊[①]。一个对 Salesforce.com、Concur 和其他顶级 SaaS 方案进行的调查发现，根本没有公开的 SLA。然而越往云堆栈的底层走，对 SLA 的要求就越高。公有 PaaS 解决方案很难说服企业使用其服务的一个原因，就是由于他们的服务水平协议不符合企业标准。这也是最近在企业内部对私有的 PaaS 解决方案的兴趣有了很大提升的原因。公司乐意承担基础设施和 PaaS 软件的管理工作，这样就能在自己管理 SLA 的同时，向开发团队提供 PaaS 能力，加快推向市场的速度。

即便供应商已经发布了 SLA，在发生重大服务中断的情况下，这些 SLA 所具有的价值对那些获得退款或积分的客户来说通常也非常有限。先不说退款额的多少，就服务中断可能会对业务和其客户造成的附带损害而言，这种服务等级协议也基本上于事无补。这也正是为什么有那么多的权威人士声称云的 SLA 毫无用处。例如，亚马逊、谷歌、微软和 Force.com 都曾出现过服务中断的情况。有些消费者没有受到这些中断的影响，而有些则跟他们的供应商一起被迫关停了服务。当供应商出现服务中断并且对消费者的服务造成了破坏时，通常客户都受困于云服务中，除了等待获得赔偿之外什么都不能做——有时还不一定能得到赔偿。所以在关键应用上，要确保供应商有着符合其 SLA 的良好的业务运行记录。对云服务提供商和其 SLA 的依赖会让许多公司感到不安，所以他们下意识的反应通常都是搭建自己的私有云。不管怎样，大多数云服务提供商能够提供的服务等级，与

---

① Heroku 承诺会尽一切可能保障平台持续运转，但对于 SLA 未见明确说明。根据官网数据，Heroku 在美国和欧洲地区的正常运行时间都在 99.9999%以上。——译者注

多数单独用户自己做到的相比，即便没有更好，但也绝对不会更差。

换句话说，如果因为对云供应商的 SLA 的担忧而在考虑取消对公有云或托管私有云的选择，不如先想一下所谓的取舍问题。像亚马逊、Rackspace 和 Terremark 这样的公司的核心能力是运行数据中心。他们已经投入了数百万美元，有着世界上最好的负责数据中心工作的员工。如果选择在自己的数据中心上搭建自己的私有云以期获得更多的控制力，消费者就是在打赌自己能提供比云提供商更高的 SLA。作为交换，他们放弃了云计算所具有的大多数好处，如快速弹性、快速市场化、资本费用的降低等。某些公司可能有商业案例或优先级的考虑来证明这样做的合理性，但有不少公司只是出于个人偏好而非是否适合公司的角度直接选择了私有云。

有关 SLA 必须要了解的很重要的一点是，这些服务等级只是代表了基础设施（对于 IaaS）或平台（对于 PaaS）的运行时间；具体还要取决于工程团队如何在它们之上构建高可用的应用。在使用 AWS 的情况下，如果公司只使用一个可用区域，它能期待的最好结果就是 99.95%的 SLA，因为这是 AWS 所能提供的极限。但是，公司如果能通过架构实现跨越多个区域或多个地区冗余的话，就能在 AWS 上达到高得多的 SLA。

一个有趣的事实是，许多主要的 SaaS 一直都没有发布 SLA。我的理论是，他们中的大多数都是这个领域的早期开拓者，并于许多客户开始在征求建议书（RFP）过程中要求高 SLA 之前就已经建立了大量的客户群。对于向企业销售云服务的新的 SaaS 公司而言，没有确立 SLA 而想获得成功已经非常难。许多公司甚至在征求建议书阶段都得不到机会，因为消费者开始向他们的云提供商提出更多的安全和 SLA 要求。如今，对于搭建关键任务 SaaS 方案的公司来说，应当对客户要求至少 99.9%的 SLA 有着足够的心里预期。服务针对的任务越关键，客户对这个数字的期望就会越高。

所有主要的云服务供应商，不管他们是 IaaS、PaaS 还是 SaaS，都把符合绝大多数主要监管法规——如 SSAE 16、SAS 70、HIPAA、ISO、PCI 以及其他适用于所提供服务的法规——作为优先考虑的事情。那些网站上没有贴出这些证书的供应商通常都不会在企业客户的考虑范围之内。大多数企业必须遵守这些法规，并做到他们选择的供应商方案也必须遵守同样的法规或可免除于这些法规。

## AEA 案例研究：服务等级协议

顶点拍卖在线（AEA）之前从未发布过 SLA，因为它有的是一个封闭的、专有的拍卖网站。现在新的网站是一个会有第三方在此之上搭建解决方案的 PaaS。为了吸引愿意为拍卖行为支付手续费的客户，并在应用商店里提供应用，AEA 必须要对服务等级做出保证。在与产品团队讨论过 SLA 之后，AEA 决定将系统分成几个组件，并对每一个组件提供 SLA。

- 卖方服务——9.9%的运行时间，1 天的恢复时间。
- 买方服务——99.9%的运行时间，15 分钟的恢复时间。
- API 层——99.9%的运行时间，1 秒或更少的性能保证，15 分钟的恢复时间。
- 应用商店——99%的运行时间，7 天恢复时间。

- 已发布的隐私政策。

以下是团队实现这些数字的方法。首先，他们意识到由于影响不同，所以不同组件有着不同的运行时间和性能要求。例如，没什么比处理拍卖更关键的任务，这也是为什么买方服务具有最苛刻的 SLA。API 层提供对买方服务的接入，所以它的 SLA 要向买方服务看齐，并且具有许多公司的潜在客户在其合同中都会要求的额外的秒级性能要求。卖方服务也很重要，但不如买方服务那么关键。当卖方服务中断或性能较差时，会对向网站添加新内容产生影响，但是现有的拍卖仍然能够继续发生。应用商店是开发人员能够添加应用来以各种工具对买家和卖家提供支持的地方。即使它产生了一些利润，但不是关键任务，所以提供的 SLA 和回复时间都略低。

条款和条件公开发布在网站上，消费者注册时便意味着同意了这些内容。对于第三方合作伙伴来说，AEA 的在线条款协议是必须签署认可的内容。而大型的、有影响力的客户，如大型电子制造企业则可能会要求更为严格的 SLA。自从 AEA 将支付和卖家费用的包袱甩给第三方之后，PCI DSS 就不在考虑范围之内了。当然，仍然有可能会有大型的客户要求有 SSAE 16 或 SOC 2 审计之类的安全审计。但除非真的有人要求有这项内容，否则没有必要增加这部分工作，尤其是在合同即将到期时。

## 11.4　总结

SLA 是服务提供商向服务消费者做出的保证，如会达到特定的性能指标，会支持一定程度上的安全和隐私，并且如果需要，已经得到了特定监管法规的认证等。所提供的服务的关键性越高，要求云服务提供商向云服务消费者交付的 SLA 就越多。瞄准了企业客户的云服务通常有着严格的 SLA 要求，而以消费者为目标对象的云服务通常只提供了基本的服务条款，对云服务提供商的保护也要多于对云服务消费者的保护。

# 第12章 监控策略

实时监控是新的测试形式。

——诺亚·萨斯曼

绝大多数云服务是为了时刻运行而进行搭建的，这意味着客户希望能够一年 365 天每天 24 小时地使用服务。而搭建云服务，提供时刻运行所需的高等级的运行时间、可靠性和可扩展性，需要考虑很多工程技术问题。即便是非常优秀的架构，想要满足系统时刻在线的服务等级协议（SLA），也仍然需要采取一种积极主动的监控策略。因此，本章将会讨论监控云服务的策略。

## 12.1 积极主动的监控 vs 消极被动的监控

许多 IT 团队习惯于通过监控系统来检测发现故障。这些团队跟踪服务的内存、CPU 和磁盘空间的消耗以及网络的吞吐量来发现系统故障的征兆；

也有很多工具来对 URL 进行 ping 测试以检查网站是否有响应。所有这类监控工具都是被动性的。这些工具告诉我们有什么发生了故障，或者有什么将要发生故障。被动式的监控重点在于检测。但实际上，企业应该采取的是预防性的监控策略。

主动监控的目标是预防故障。预防需要与检测有着不同的观念模式。为了预防故障，我们首先必须对健康的系统应该具有的指标项进行定义。一旦我们定义了健康系统的基准指标，就必须照图索骥，察觉出数据指标何时在朝危险方向发展，并在我们的被动监控发出告警之前修复问题。被动和主动两种监控方式的结合，是实现云服务始终运行的最好方法。主动或预防式的监控致力于在早期找到并解决问题，以免它们对整体系统造成大的影响，并提高在客户受到影响之前发现和修正问题的概率。

## 12.2 需要监控的内容有哪些

监控的目的是方便跟踪系统是否在按预期的方式运行。回到第 11 章的讨论，我们说 SLA 在云服务提供商和云服务消费者之间就所提供的服务等级达成了一个期望。为了确保这些 SLA 得到了满足，就必须对每项 SLA 进行监控、测量和汇报。有一些 SLA 基于类似响应时间、运行时间这样的指标，还有一些则侧重于隐私、安全和监管法规方面的流程。监控应覆盖到所有类型的 SLA。

但 SLA 只是整体工作的一部分。多数基于云的服务都是由多个部分组成的分布式系统。系统的所有部分都有可能发生故障，都需要进行监控。同时，组织内不同的人或许会需要系统的不同信息来确定系统运转正常。

例如，前端开发人员可能关心页面加载时间、网络性能、应用程序接口（API）性能等。数据库架构师可能希望在SQL语句及其响应时间的指标之外，还看到线程、缓存、内存和CPU利用率等有关数据库服务器的各项指标。系统管理员可能想要看到诸如每秒请求数（RPS）、磁盘空间容量，以及CPU和内存利用率等指标。产品所有者或许想要看到每天的不同访问者数量、新用户数、单用户成本，以及其他业务相关指标。

根据所有这些指标，管理员就能判断出系统是否正常运行，以及是否向最终用户展示了预期的内容。换言之，虽然从技术的角度而言，某个系统或许在完美无缺地运行，但是如果客户的使用情况在持续下降，那么在可用性或产品策略方面可能就存在着巨大的问题。指标同样也对每项部署是否成功起着重要的评估作用。部署软件的一个新版本时，很重要的一点就是对那些关键的系统指标进行观察，并将其与基准值进行对比，看部署是否会对整体系统产生消极影响。对于将功能进行切换启用或关闭的系统，对部署后的指标的跟踪记录有助于发现哪项功能在何时被切换到了错误的值上。这种预防性的措施可以在失误变成问题之前快速将其修复。而如果没有这种预防性的方法，错误的配置设定这样简单的问题可能会很久都不被发现，直到报告显示数据出现了明显变化，或者更糟糕的是由客户首先发现。

应监控的类别有：

- 性能
- 吞吐率
- 质量

- 关键性能指标（KPI）
- 安全
- 合规

监控还应在云堆栈的不同层进行：

- 用户层
- 应用层
- 应用堆栈层
- 基础设施层

此外，还有3个不同的领域需要进行监控：

1. 云供应商环境
2. 云应用环境
3. 用户体验

我们会对这些领域的每一项都进行一些简要说明。本章的目的是对一些基本的指标和最佳实践方法进行一个整体概述。如果想要对有关可扩展系统的测量指标有更深入的了解，我推荐Cal Henderson的*Building Scalable Websites*，在这本书里他阐述了Flickr团队是如何对公司那著名的照片分享网站进行横向扩展的。

## 12.3　分类别的监控策略

对于可以监控的信息，我们可以进行多个分类。本章我们将会讨论测量性能、吞吐量、质量、KPI、安全和合规方面的监控策略。涉及业务模型和目标应用，每家公司都有自己特有的一套分类标准。本书所讨论的是在每一家云应用或服务中都有的标准分类。

### 性能

在云堆栈的每一层，性能都是非常重要的指标。在用户层，性能指标体现了用户与系统交互情况的种种属性。以下是一些用户性能指标的示例：

- 新用户数
- 每天不同访问者的数量
- 每天的页面访问数量
- 平均站点停留时间
- 每客户收入
- 跳出率（未访问页面直接离开的用户占比）
- 转换率（在直销的基础上完成预期操作的用户占比）

这些指标的目的在于对使用系统的用户的行为进行测量。如果在部署之后这些数字与基准数相比有着明显降低，那么很明显，要么是新的代码有问题，要么是新功能还不能很好地被客户接受。

有时，所谓的最终用户并非是“人”，而是另一个系统。这时也可以用类似的指标来确保系统和其用户的表现符合预期。

- 新用户数
- 每天不同访问者的数量
- 每天每用户的调用量
- 每次调用的平均时间
- 每用户收入

在这种情况下，“用户”代表另一个系统。如果预期的结果是用户数固定或保持不变，然而指标显示数量在下降，那么很可能发生了什么问题阻止了对系统的访问或者出现了请求失效的情况。如果用户数上升，那么可能会有安全问题或者未授权账户获取了访问的权限。也就是说，如果用户数是一个动态性的数据，那么任何指标的衰减都可能是系统出现问题的迹象。

在应用层，性能衡量的是系统对最终用户的响应时间，这里的用户可以是人，也可以是另外的系统。以下是经常进行跟踪的常见性能指标：

- 页面加载时间
- 运行时间
- 响应时间（API、报告、查询等）

这些指标可能会在不同的层进行跟踪和汇总。例如，一个系统可能由一个面向消费者的 Web 页面、一系列 API、一个进行数据管理的管理员界面和一个报告子系统构成。明智的做法是，对这 4 个组件的每一个都分别进行指标的跟踪，因为它们很可能全部都有不同的性能要求和 SLA。而且，如果系统以软件即服务（SaaS）解决方案的方式向大量客户进行了交付，最好也能按客户分别对这些指标进行跟踪监控。

在应用堆栈层的指标也差不多如此，但是与跟踪应用的性能不同，我们现在跟踪监控的是应用堆栈底层组件的性能，如操作系统、应用服务器、数据库服务器、缓存层等。对于构成本层的每个组件的监控工作，应落实到每一台机器之上。如果一个 MySQL 数据库由一个主节点和三个从节点组成，则每个节点都需要确立一个基准值，以及根据这个基准值进行跟踪监控。对 Web 服务器同样如此。一个有着 100 个节点的 Web 服务器需要对每一个节点都进行单独的监控。同时，还需要以集群或组的方式对服务器进行监控，来计算针对特定客户的指标。例如，如果每个客户都有自己专属的主数据库和从数据库，那么平均响应时间和运行时间就是集群中所有服务器的性能指标的聚合。

在基础设施层，指标应用于物理基础设施，如服务器、网络、路由等。公有的基础设施即服务（IaaS）提供商会提供一个页面来展示其基础设施的健康情况，但是其只会给出红色、黄色和绿色的指示器，代表服务是在正常运行、发生问题还是完全宕机。

## 吞吐率

吞吐率衡量了数据通过系统的平均速率。就像性能一样，了解云堆栈每一层、系统每个组件，以及每个不同客户的吞吐率非常重要。在用户层，吞吐率测量系统正在处理的并发用户数或会话数。在应用层，吞吐率测量的是系统能通过应用层从应用堆栈层向最终用户传送的数据量的大小。这个指标通常在（面向消费者的）每秒事务量（TPS）、RPS 或某些业务相关的指标，如每秒点击量、每秒请求数（RPS）或每秒页面访问量中进行测量。

在应用堆栈层，对吞吐率的测量对诊断系统内的问题关系重大。如果应用层的 TPS 低于正常值，则通常是由于到应用堆栈内的一个或多个组件的吞吐率出现了减少的情况。像开源的 Nagios 或 SaaS 产品 New Relic 这些常见的解决方案，通常会被用来收集应用堆栈组件的各种指标。这些工具允许管理员设定在达到某些阈值时进行告警或提示，并提供对数据变化趋势的发现分析。在基础设施层，吞吐率测量了物理服务器和其他硬件、网络设备的流量。

## 质量

质量测量的是在生产环境下，信息的准确性和产品缺陷对最终用户的影响。这里的关键在于对生产环境的强调。在质量保证或部署环境中有 1000 个缺陷对系统的最终用户和服务等级协议而言毫无意义。有意义的是缺陷的数量及其对应用的影响。在生产中，100 个缺陷听起来似乎非常吓人，但如果它们中的大多数都对最终用户产生很小的或不产生影响，那么它们就对质量的策略造不成什么影响。我之所以在这里提出这一点，是因为我见过太多的公司使用质量指标但却造成了错误的结果。质量的定义不应以漏洞或缺陷数为准。如果是这样，团队就会花费大量有价值的时间来修正许多并不对系统的整体健康和最终用户感受造成影响的缺陷。相反，质量应侧重在以下几个方面：返送至最终用户的数据的准确性和正确性上；

错误率——错误发生的频率；部署故障率——部署发生故障或问题的时间占比；以及客户满意度——来自客户的声音，对质量和服务的感受。

标准化数据的收集是测量质量的必要条件。我们在第10章中提到，应对错误代码、严重级别和日志记录格式进行标准化处理，并且应使用常见的错误和日志API来确保将一致的数据发送至中央日志系统。从日志系统中挖掘数据的自动化报告和控制面板应当产生所有相关的关键指标，包括质量、错误率、错误类型等。而且，应当设定各种阈值，在质量指标达到对应的警告阈值时，会触发告警和提示事件。质量必须在云堆栈的每一层都得到维护。

在用户层，质量测试的是用户注册和访问的成功和准确性。如果未能完成注册流程的用户数量多得不可接受，那么必须有人马上处理这个问题。有时质量问题可能不是一个缺陷而是一个易用性的问题。用户或许需要更多的培训，或者用户界面实在太麻烦或让人觉得困扰。在应用层，观众——即最终用户对质量有着直接的观感。在这一层，我们关心的是产品缺陷的类型。错误的数据、失败的事务，以及400到500范围的http响应代码等相关的错误，都是导致结果无效或客户不满意的罪魁祸首。这些错误的跟踪监控必须针对系统中的每一个API和每一个模块进行。在应用堆栈层，需要针对每一个组件进行错误的记录和跟踪，在基础设施层对物理基础设施也是如此。

## KPI

关键性能指标指的是能告诉我们系统是否满足了业务目标的指标。典型的KPI包括：

- 每客户收入
- 每小时收入
- 每天的导入客户调用数量
- 每天完成的工作量
- 站点流量
- 购物车放弃率

每家公司的业务模型都对 KPI 有着不同的内容设定，并且都会寄希望于系统来实现自己的业务目标。对 KPI 进行监控和测量是主动发现潜在问题的最好方式。发现 KPI 有往错误方向发展的趋势，团队就能主动研究根本原因，并可能在造成更大危害之前修复问题。同样重要的是发现 KPI 在往积极的方向发展，这样团队能够找出驱动因素，理解如何引导人们做出适当的行为。

KPI 的测量在应用层进行。通常，产品团队会建立所谓的关键指标。IT 团队通常也会建立自己的 KPI。在第 14 章，我们将会对如何使用指标积极主动地监控底层架构和部署流程的健康情况进行讨论。

## 安全

保障基于云的系统的安全并非一件轻而易举的事情。网络罪犯和其他带着恶意目的攻击系统的人或系统利用的方法一直在变。一个今天看起来非常安全的系统，在新的和更复杂的威胁发布之后，可能在明天就变得漏洞百出。为了应对安全威胁的动态性，系统应主动对所有的组件进行监控以发现可疑模式。有许多优秀的书籍对保障系统安全进行了详细阐述，所以这里我不会讲述那些让人头大的细节。本书想要说明的是，在系统中集成安全只是整个工作的一部分而已。在第 9 章，我们讨论了 PDP 方法，也就是保护（protection）、检测（detection）和预防（prevention）。监控是检测和保护发生作用的地方。监控安全是一种积极方法，侧重于挖掘日志文件，发现有可能在攻击系统方面进行了失败或成功尝试的异常模式。

至于在本章中提及的其他指标，应在云堆栈的每一层和每层的每一组件对安全进行监控。安全监控应覆及针对每一组件的所有失败的认证尝试，并检测是否存在特定的用户、系统或 IP 地址在持续尝试但未能通过认证。绝大多数尝试攻击的都是自动操作脚本，也就是通常所谓的“机器人程序（bot）”。这些机器人程序以自己的方式通过某些不安全的组件进入系统，然后运行一系列的其他脚本，试着访问它能进入的所有应用或服务器。

一旦发现异常，管理员就可以将这些 IP 地址加入黑名单，防止其造成损害。下一步是预防。入侵者最初是怎么获得访问权限的呢？如果没有检测，就只能在外部威胁已经实现其目标之后才发现它们已经渗透到系统内部，这可能已经造成了灾难性的后果，如盗取敏感数据、破坏或损坏文件和系统，安装病毒和木马，消耗计算资源影响系统性能，以及其他许多可怕的场景。对于需要通过安全审计的系统而言，实施 PDP 安全策略是强制性的。

## 合规

受到各种监管法规约束的系统应在合规方面采取一套监控策略。这种策略的目标在于当部分系统出现不合规的情况时发出告警。合规需要在系统内和企业内都遵循一定的策略和程序。企业必须遵循的策略示例是对雇员进行背景核查及限制进入建筑物之类的策略。与系统有关的策略，如只对需要知道的人开放产品访问，可以在系统内进行监控。同样，团队可以对日志文件进行挖掘来跟踪策略的执行情况。当然，也有很多新的 SaaS 和开源工具最近进入了市场，允许在工具内设立各种策略，然后工具就会监控这些策略的执行情况。这些工具会发出告警，并提供现成的和有针对性的监控策略执行报告。

监控并非“万能灵药”，但是缺乏信息和工具，系统就是一个随时可能罢工的“定时炸弹”。监控使人们可以对自己的系统有更多的了解。要知道，最佳和最可靠的系统是那些时刻在变并适应周围环境的系统。不管改变的是代码、基础设施、产品还是客户体验，它都采取了信息所提供的见解来进行适当的改变以带来想要的结果。而没有监控的话，系统就只能像是离水之鱼了。

## 12.4 按云服务等级进行监控

现在我们知道了需要监控哪些内容，下面让我们看看在各种云服务模式下，监控是如何完成的。正如云中的其他各类事项一样，越往云堆栈的下层走，你自己所承担的责任也就越多。从 SaaS 开始，只有极少的工作需要最终用户完成。SaaS 服务只有运行和关停两种情况。如果它要关停或者可能要关停，则大多数 SaaS 方案都有一个显示最近状态的 Web 页面，并且它们还有客户支持的 Web 页面和可拨打的电话号码。如果 SaaS 系统对业务运营非常重要，那么最终用户可能想要在服务关停时能触发某些告警。

某些 SaaS 供应商提供了这种功能，使最终用户能得到告警。而如果 SaaS 工具不具备这项功能，则最终用户可以使用类似 Pingdom 这样的工具，对 URL 进行 ping 测试，然后向相关人发出服务不可用的告警。即便有这种告警能力，在 SaaS 下，最终用户也是除了等待供应商恢复服务之外，什么都做不了。

在第 13 章中，我们将会对落实从属 SaaS 方案以备主要服务中断情况的理念进行讨论。举例来说，某个电子商务网站使用 SaaS 方案来处理在线支付或订单执行，但是服务中断了，电子商务网站能够检测到这个故障，然后自行配置，切换到其从属提供商处，直到服务恢复。而这次事件的触发器可以是从 URL 监控软件处收到的一条告警信息。

公有和私有的平台即软件（PaaS）方案处理监控的方式不同。在公有的 PaaS 下，供应商既管理基础设施层又管理应用堆栈层。对于自己集成的各种监控和日志方案，PaaS 供应商会提供相应的 API。消费者在 PaaS 之上编写的应用代码应该充分利用这些 API，这样所有的日志都会发送到 PaaS 提供的集中日志系统上（如果希望这样做）。消费者可以使用自己的监控工具，也可以使用 PaaS 中集成的监控工具的 API。并非所有的 PaaS 方案都向最终用户开放了入侵检测工具。这里的思维逻辑是，供应商拥有相应的责任，而消费者应侧重于自己的应用。

私有的 PaaS 更像是 IaaS。对于两者，消费者都必须对低至应用堆栈层的系统进行监控。就像公有的 PaaS，许多私有的 PaaS 方案都有当前流行的日志和监控方案的插件。对于 IaaS 方案，日志和监控方案必须由消费者安装和管理。对于构建自己的私有云的公司，他们也必须对物理基础设施和数据中心进行监控。

## AEA案例研究：监控注意事项

AEA（顶点拍卖在线）的拍卖平台由许多组件构成，对不同的行为主体提供支持。因此，有许多需要监控的故障点。运行时间、性能、可靠性、安全和可扩展性对于平台的成功都很重要。AEA想要主动监控平台以将服务中断、性能下降或安全漏洞的可能性降至最低。为了避免外部合作伙伴（有意或无意地）对资源滥用，合作方的资源将会被节制在一个预先定义的最高等级上。以下是AEA确定必须要监控的事项列表：

- 基础设施——内存、磁盘、CPU利用率、带宽等。
- 数据库——查询性能、内存、缓存、吞吐率、交换空间等。
- 应用——每秒事务数、页面加载时间、API响应时间、可用性等。
- 访问——外部合作伙伴的资源消耗。
- 安全——重复的失败登录尝试、未授权访问。
- KPI——财务指标表、交易指标、性能指标。
- 成本——云成本优化。

AEA需要使用多种监控工具来满足这些要求。某些工具将会对集中的日志文件进行挖掘以发出警告，如从单一的入侵检测中发现重复的登录失败数据。在监控基础设施和数据库方面，有开源的工具，也有商业

> 工具。有一些很优秀的 SaaS 解决方案，如 New Relic 能够进行配置来设定性能、可用性和服务等级的阈值，并在这些指标跌出范围时对适当人群发出警告。另一个重要的工具是“云成本监控”方案。分配云资源非常容易，但是不利的一面是，如果没有仔细监控这些成本的话，每月的基础设施账单也涨得很快。

预先了解你的监控需求，有助于你找到能满足自己大多数需求的监控方案。一些公司没有从企业的角度来评估监控需求，所以部署了许多不同的工具，最终很难从各种不相关的系统中将数据收集在一起。而从企业整体的视角来看，就能以更少的工具，甚至有可能以彼此可以结合的工具来满足监控需求。

## 12.5 总结

监控是每一个基于云的系统的重要组件。监控策略应在早期便落实到位，并随时间推移持续改进。没有一种监控工具能满足云方案的所有需求。应做好打算综合使用 SaaS 和开源方案，甚至某些自己开发的方案来满足平台的整个需求。管理没有监控策略的云方案就像夜晚关了车灯行驶在高速公路上。你可能会安全到家，也可能不会！

# 第 13 章 灾难恢复计划

每一次大的计算灾难，根源都是想得太多，又都放在一个地方付诸实施。

——戈登·贝尔

一切技术都可能并将出现问题。在分布式环境下，如在许多基于云的解决方案中，运行着许多组件并且系统的任何一个部分都有可能随时发生故障。要想幸免于故障，就要对一切皆有可能发生的问题有足够的预期，并为此进行架构设计。故障会以多种形式出现。如果是 Web 服务器崩溃造成的损害，则可以简单地通过在负载均衡器之后部署多个 Web 服务器来降低。数据库服务器崩溃相对而言要严重一些，完全恢复需要考虑更多的系统问题。数据中心瘫痪则更为严重，如果没有准备好完善设计的灾难恢复解决方案的话，有可能会毁掉一个企业。

每种云服务模式在灾难面前都面临着不同的挑战。下面我们将探讨每种云服务模式在应对云中的灾难情况时的一些最佳实践办法。

## 13.1　什么是故障时间成本

云计算使我们能以比以往更快和更低的成本搭建系统。已经有无数个故事在讲述公司是如何快速搭建和部署了在云时代之前需要几个月或几年才能部署成功的解决方案。但是将方案投入市场只是说了一半的故事；故事的另一半是部署一个能从大的或小的灾难中恢复的解决方案。而说到灾难恢复，归根结底还是良好的架构和计划。

对云方案而言，灾难恢复的策略与我们多年来在数据中心上运用的策略基本上完全一致。具体的实现可能会有不同，但是我们着手系统设计的方式是一样的。流程的第一步是从业务的角度理解三个重要的变量。第一个变量是恢复时间目标（RTO）或业务要求服务恢复运行所用的时间。比如，一个运行着大流量电子商务网站的公司在客户不能对货物发出订单的情况下，可能每分钟会失去数千美元。电子商务网站的 RTO 可能是 5 分钟或更低。这个公司可能还有报告系统，容忍的停机时间可能就会长一些，因为报告对收入或客户满意度没有太多的影响。这种情况下，如果灾难有可能发生的话，报告的 RTO 可能会是几天甚至一周。

第二个变量是恢复点目标（RPO）或数据损失在可忍受范围内的时间数。继续以电子商务为例，处理金融交易的系统部分很可能对数据丢失有着零容忍或接近零容忍的态度。如果电子商务应用具有社交功能，买方能在这个社交网络上分享对于产品的看法，那么公司就能忍受一个较长的可能会有数据丢失的时间期限。

第三个变量是价值，即对公司减轻灾难状况价值几何的估量。有许多因素会影响公司进行恢复所代表的价值。下面是一些示例。

云服务的客户可能会对恢复价值产生非常大的影响。举例来说，在我们的数字激励平台首次上线时，我们的第一个客户是个小型的家族式的食品杂货连锁店。在那时我们有自己所谓的“足够好的”恢复机制，如果灾难发生，凭借该机制我们能在 1 小时或 2 小时内在另一个可用区域恢复运行。当时恢复流程还不是自动进行的。而在我们开始与顶级零售商打交道之后，很明显，我们需要能从任何灾难中完成实时恢复，这驱使我们投入资金搭建了跨多个可用区域的完全冗余的虚拟数据中心。我们的客户抬升了恢复的价值，因为成功为最大的零售商提供服务意味着可能会带来潜在的收入和市场份额。

另一个示例是服务的关键程度。有一些因素会影响服务的关键程度。如果服务对病人的生命或公民的安全至关重要，那么恢复的价值很可能就非常高。公众的认知是另一个能影响关键程度的因素。例如，有一些公司——如 Pandora、Last.fm 和 Spotify 等——在国际音乐领域竞争市场份额。如果与其他竞争对手相比，其中一家公司因为无法快速从服务中断中恢复而被客户认为不太可靠，那这家公司想要在市场上吸引更多客户可谓是难上加难。

企业应该明确架构的每一个功能区域的 RTO、RPO 和恢复价值，然后由这些价值驱动 IT 的投资进行，以便能够对每一个功能区域提供适当的恢复等级。下一节我们会讨论每种云服务模式所用的灾难恢复策略。

## 13.2　IaaS 的灾难恢复策略

基础设施即服务（IaaS）的灾难恢复策略要比平台即服务（PaaS）和软件即服务（SaaS）复杂得多，因为云服务消费者（CSC）负责了应用堆栈。在公有的 IaaS 方案下，CSC 依靠云服务提供商（CSP）来管理物理数据中心。本章的讨论内容将集中在云堆栈的任意一层处于灾难状况时应该如何恢复，但不会涉及运营物理数据中心的策略。

公有的 IaaS 云提供商，如亚马逊和 Rackspace 近年来都发生过服务中断的情况。希望这种情况永远不要发生可能有些不太实际；不过预期这些故障可能会发生的话，我们有多种方法来进行架构设计。让我们先从一些预防亚马逊发生服务中断时可能导致的灾难开始。

亚马逊有地区（region）和可用区域（availability zone）的概念。地区坐落于全球范围，而区域是地区之内的独立的虚拟数据中心。例如，美国东部地区位于弗吉尼亚数据中心，有 4 个区域（a、b、c 和 d)。从数据上来看，亚马逊 Web 服务（AWS）的服务中断都发生在单个可用区域内。如果一个公司足够明智，横跨多个区域搭建冗余方案的话，那么在 AWS 出现服务中断时仍能保持运行（我们稍后在本章会讨论如何搭建冗余方案）。但有时某个应用程序接口（API）的服务中断，可能会影响多个区域。例如，亚马逊弹性块存储（EBS）是提供网络附加磁盘的服务，通常是安装数据的地方；如果 EBS 在多个区域都有问题，则跨区域冗余也不能避免系统失效。

在 AWS 上解决这个问题的一种方法是构建跨地区冗余。跨地区冗余要比跨区域更为复杂和昂贵。另外，将数据跨地区移动会产生数据传输费用和导致数据延迟，而在同一地区的可用区域之间则不存在这些问题。跨地区冗余的成本和复杂性需要与企业所确立的恢复价值、RTO 及 RPO 进行权衡。

另一个方法是采用混合云方案。如果是亚马逊，则可以通过使用支持亚马逊 API 的私有云供应商来实现。Eucalyptus 是一家提供 AWS API 兼容的公司，但特别需要注意的是它提供的只是 AWS 向其客户提供的全部 API 的一部分。对于一个 AWS-Eucalyptus 方法，如果架构师想要系统的所有部分都具备可恢复能力，在选择使用 AWS API 时，最好选择使用那些 Eucalyptus 平台支持的 API。在混合云方案中使用 Eucalyptus，其本质就是创造另一个可用区域，只不过这个私有区域的 API 与可能发生在 AWS 上的任何问题都进行了隔离。

Rackspace 既提供公有的，也提供私有的 IaaS 功能。所以存在使用 OpenStack 这种开源的云软件创建一个混合云的解决方案，在公有云和私有云上运行完全相同的云软件的可能性。实际上，私有云可位于任意的数据中心内——不管是 Rackspace、公司自己的数据中心，还是其他一些托管设施。

另一个方法是使用多个公有云供应商的服务。为了能更有效地做到这一点，在搭建系统时就应当注意不要被某一 IaaS 供应商锁定。当然，易说难行。如 AWS 和其他 IaaS 供应商的一个巨大优势在于，有大量 API 可供选择使用来快速构建应用，然后用户可以更专注于解决业务问题。从云的不可知论者的角度来看，我们应该尽量避免使用这些专有 API，但这样供应商所提供的价值也会打折扣。另一个方法是在代码中隔离调用 IaaS API 的区域，并根据策略判断使用哪一家 IaaS 供应商的服务，然后执行适当的 API。做到有效使用多个公有云供应商的最好方法是，在多个公有云 IaaS 提供商处都使用类似 OpenStack 这种开源的云解决方案。

许多公司认为跨 AWS 可用区域构建冗余已经是足够完备的灾难恢复策略。在恢复的价值不是特别高的情况下，鉴于 AWS 故障都被隔离在单一区域内的历史记录，我会同意这种看法。但需要知道的是，即便一个 AWS 地区有多个区域，所有的区域也仍然处于同一个大概位置。例如，所有的美国东部区域都在弗吉尼亚州。如果在弗吉尼亚发生了一次严重的灾难事件，很可能所有的美国东部区域都会宕机。下一节会对 4 种不同的应对灾难的方法进行说明，看看在数据库不可用或整个数据中心不可用时该怎么做。这些方法可用于公有、私有或混合云方案，也适用于 AWS 地区或区域。

## 13.3　主要数据中心的灾难恢复

不管你使用的是公有、私有还是混合的 IaaS 解决方案，在出现不幸事件导致数据库或数据中心都处于灾难状态时，均有一套标准的恢复数据库的最佳实践方法可供参考。以下是 4 种常见的使用（物理或虚拟的）从属数据中心来防备主数据中心发生灾难的恢复方法：

1. 经典的备份和恢复方法

2. 冗余数据中心——单活冷备

3. 冗余数据中心——单活温备

4. 冗余数据中心——双活热备

## 经典的备份和恢复方法

在这种模式中（见图 13.1），在一天内生成的每日完整备份和增量备份，会被存放到一个由云供应商提供的磁盘服务中。同时，备份也会被复制到一个从属数据中心；甚至为了特别的安全，还会存放到其他的第三方供应商处。

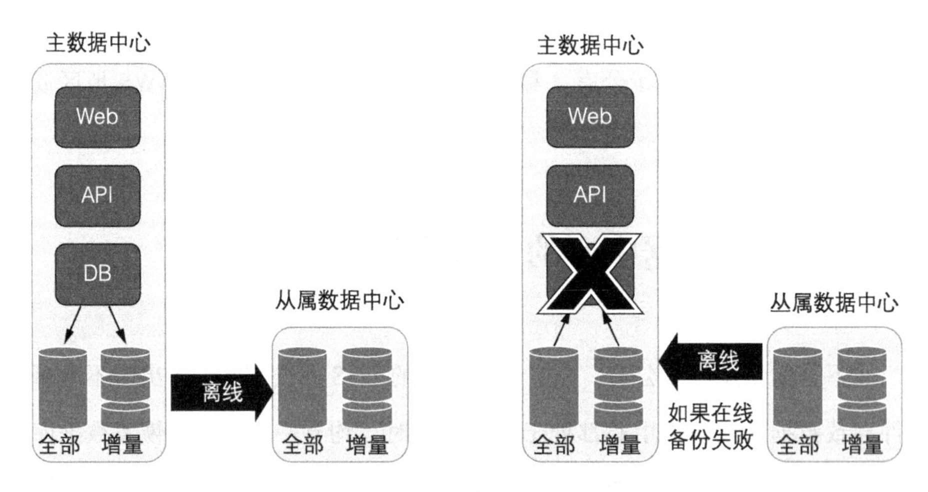


图 13.1 经典的备份和恢复方法

如果数据库离线，受到损坏或遇到其他的一些问题，我们可以恢复最近一次的完好备份并将最新的增量备份置于其上。如果这些不可用，我们可以登录辅助站点，将最后一次好的完整备份和完整备份之后日期的增量备份提取出来。

因为没有任何冗余服务器的运行，所以这种方法的成本最低；但缺点在于 RTO 非常长，因为在对所有的相关备份进行恢复并进行了质量校验之前，无法在线恢复数据库。这种方法在我们传统的数据中心里已经用了许多年了。

## 单活冷备

在这种模式中（见图 13.2），从属数据中心做好了在主数据中心处于灾难状态时对其进行接手的准备。“冷”意味着冗余的服务器并没有启动和运行。相反，会有一些脚本准备好在出现紧急状况时进行执行，配备一组与运行在主数据中心上的资源配置完全一样的服务器。一旦灾难发生，团队会运行这些自动化脚本，创建数据库服务器并且恢复最近一次的备份；同时还会配备所有其余的服务器（Web 服务器、应用服务器等），并在从属数据中心里建立一个基本上完全一样的环境，因此说是“冷”。这种方法是一种具有成本效率的应对故障的方式，因为冷服务器在进行配备之前并不会带来任何成本；但是，如果故障的 RTO 在几分钟之内，这种模式就不大能被接受了。从磁带或磁盘上恢复数据库是一个耗时的工作，视数据库的大小不同，可能需要几分钟到几个小时不等。所以，单活冷备适用于高 RTO 恢复。

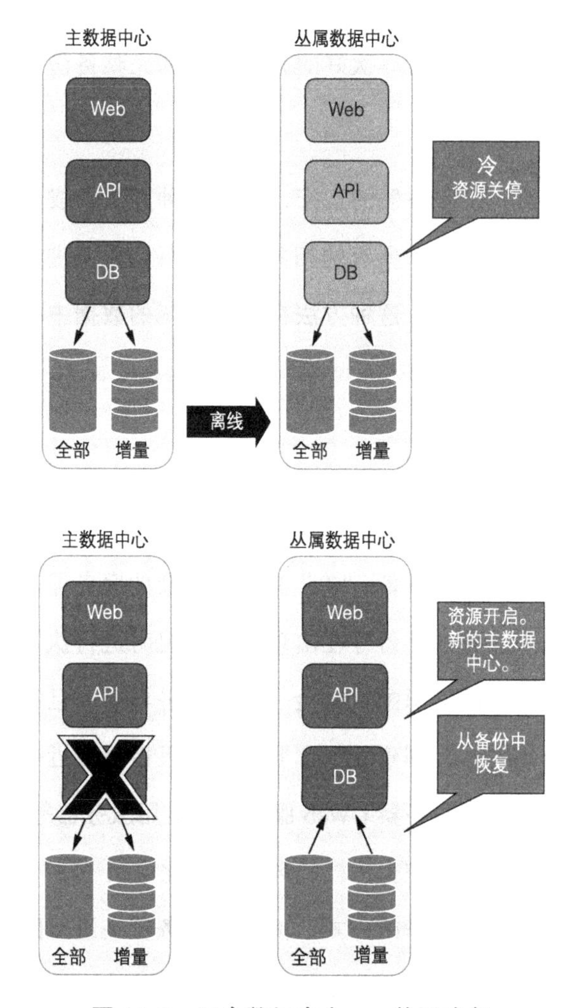


图 13.2 冗余数据中心——单活冷备

## 单活温备

“温”方法（见图 13.3）以“热”的方式运行数据库服务器，这意味着数据库服务器时刻运行并始终与主数据中心保持同步。而其他的服务器处于“冷”或关闭状态，只在灾难恢复计划执行时才进行配备。这种方法的成本要高于单活冷备，因为“热”的数据库服务器时刻在运行，但是在故障发生时会极大降低停机时间，因为不需要再进行数据库恢复了。恢复时间也就是配备所有非数据库服务器所花费的时间，在处理过程脚本化的情况下，通常只需要几分钟就能完成。这种方法的另一个好处是从属数据中心的热数据库可调配作为它用，而非只是闲置等待灾难发生。例如，临时的和商业智能的工作负载可指向这个从属数据中心的数据库实例，将报告负载与在线事务处理的工作负载分开，从而提高主数据库的整体效率。

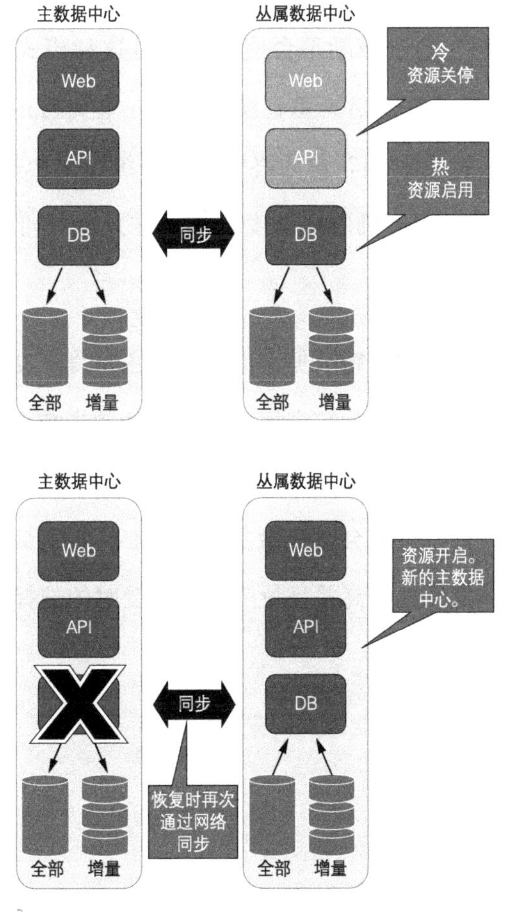


图 13.3　冗余数据中心——单活温备

对于低 RPO 的系统，在从属数据中心运行一个活的、同步的数据库在加快恢复时间的同时降低数据损失方面是一种非常好的办法。

## 双活热备

成本最高但恢复能力却最强的方法是，时刻运行完全冗余的数据中心（见图 13.4）。这种模式的吸引力在于，所有的计算资源始终处于使用状态，在许多情况下，一个数据中心完全发生故障可能一点儿都不会造成任何的故障停机。我们在数字激励平台使用的就是这种模式。这个平台在每一次 AWS 发生故障时都安然无恙，没有错过一笔交易；但是许多主流的网站却“挂”了。因为影响客户的终端销售系统可能会带来很大的风险，所以我们对数据丢失和停机的容忍度很低，并且恢复价值对业务而言又非常高。

在这种模式下，数据库跨数据中心使用了主从复制功能。当主数据中心发生故障，从属数据中心的数据库就变成了新的主数据中心。当失效的数据中心恢复时，挂掉的数据库就开始进行同步。一旦所有数据中心的所有数据恢复同步，控制权就会交还给主数据中心，再次成为“主”数据中心。双活热备是恢复价值极高并且故障不可接受时的选择。

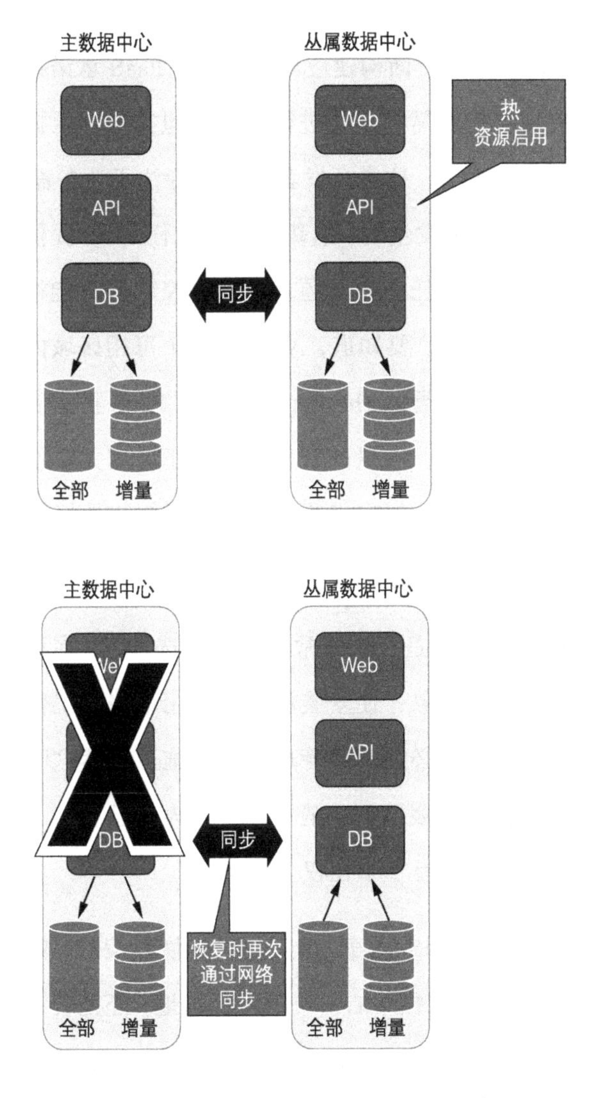


图 13.4　冗余数据中心——双活热备

## 13.4　PaaS 的灾难恢复策略

就公有的 PaaS 而言，包括应用堆栈和基础设施在内的整个平台由供应商负责；用户负责在平台上面构建应用。公有的 PaaS 承诺会对所有处理底层基础设施和应用堆栈所需的工作进行抽象，包括伸缩数据库、设计容灾方案、给服务器打补丁等，这样开发者就可以专注于业务需求。公有 PaaS 的不利一面在于，当灾难发生时，消费者只能听任 PaaS 提供商的灾难恢复计划发挥作用。但在关键任务的问题上，无法控制何时能将应用重新启用这一点简直让人无法接受。要知道，AWS 在一个可用区域内发生问题的情况已经出现过几次，致使类似 Heroku 等公有的 PaaS 提供商出现服务中断的情况。而当这些发生时，大量的开发者会由于应用无法使用而蜂拥到论坛和博客表示自己的不满，但也仅此而已，除了等待他们什么都做不了。

如果对一个公司来说，依赖公有的 PaaS 进行灾难恢复太过于冒险的话，私有的 PaaS 提供商就是一个非常不错的备选方案。在私有的 PaaS 下，供应商对开发平台进行抽象，使安装和管理应用堆栈的工作变得简单并可自动化进行，但是消费者必须自己管理基础设施。虽然这听起来可能让人有些“心塞”，但是当灾难发生时，消费者会因为自己管理了物理或虚拟的基础设施而对情况重新具有了掌控权。

实际上，对公有的 PaaS 而言，最好的灾难恢复策略，就是选择一个能将 PaaS 平台运行在任意数据中心——不管是本地，还是公有云——之上的 PaaS 提供商。类似红帽的 OpenShift 和 Cloud Foundry 的开源解决方案会提供混合的云方案。消费者可以将这些 PaaS 方案安装在 AWS 或 Rackspace 这样的公有 IaaS 之上以及自己本地的数据中心里。这样，公有的 IaaS 数据中心和私有的 IaaS 数据中心都可以运行不同的工作负载，并在主数据中心发生故障时充当从属数据中心。这 4 种恢复方法在私有或混合 PaaS 情境下都可以应用。

## 13.5 SaaS 的灾难恢复策略

我们已经讨论了 IaaS 和 PaaS 中解决故障问题的策略。有时这些故障是云服务提供商自己的问题所导致的，有时是真的与天气、恐怖袭击或其他灾难性事件等有关。但是 SaaS 又是怎样的情况？许多消费者对 SaaS 解决方案没有考虑过任何的灾难恢复策略，这样在发生灾难时可能会对业务造成严重的影响。有多少公司会针对 Salesforce.com 在较长一段时间内不可使用这样的使用场景准备了灾难恢复计划？当基于 SaaS 的财务系统在一周内都不能提供线上服务时，公司会怎样？不管怎样，总不会让人觉得愉快。对于 SaaS 解决方案来说，如果数据或业务流程非常重要，最好对业务不可用的情况准备一套运营计划。至少，供应商的 SaaS 合同里应该有软件托管的方案。在 SaaS 供应商停业或被另一家公司收购并且与现有的合同解除关系时，SaaS 软件托管会对买方起到保护作用。托管会在一个独立第三方的保存区保存供应商的知识产权，在供应商停业或取消产品服务时可以向买方让渡。这其实相当于给予了买方对数据的所有权。

托管在保护你的权利和所有权方面确实很有用处，但在业务恢复及运行方面所做却着实有限。对于关键的 SaaS 功能，企业应从实践和文档两方面做好操作流程的准备工作，计划好应对大的故障的方案。在某些情况下，使用两个不同的 SaaS 供应商来避免故障可能会更可行。比如，假设某企业在运行一个每天带来 100 万美元在线销售额的电子商务网站。企业决定借助业内最佳的购物车和信用卡处理 SaaS 解决方案来代替自己从头开发的做法。如果这个 SaaS 方案出现问题，那么公司面临每分钟损失 700 美元的风险。所以对公司而言，明智的选择是以轮循或热备份的形式使用一个备选的 SaaS 方案。绝大多数这类解决方案根据事务量进行收费，所以热备份的方法应该不会增加太多费用。

另一个灾难性的情形是，云供应商关张大吉或者被另一个公司收购但却关闭了相关业务。SaaS 消费者应考虑向每一个存储关键数据的 SaaS 应用要求进行数据提取。拥有数据不一定能使消费者快速重启系统及实现运行，但是能避免数据丢失，并且能够将数据加载进数据库进行查询。如果没有数据，在 SaaS 供应商关停服务的情况下，消费者除了采取法律程序以尽量获取数据或希望供应商留下足够的资源来向其提供数据之外，就什么都不能做了。从降低风险的角度来看，除了对数据进行归档之外，即便对数据没有任何改变，定期计划性地抽取数据也要安全得多。

## 13.6 混合云的灾难恢复

混合云有着特殊的灾难恢复处理方式。在一个混合云环境中，企业可以将工作负载在公有云和私有云之间进行分配。对于运行在公有云里的负载，私有云可以设置成故障转移的数据中心。对于运行在私有云的负载，公有云又可以当作故障转移的数据中心使用。要做到这一点，很重要的是公有云和私有云尽可能使用同一种云服务。以下是几个示例。

### 混合 IaaS（专有）

让我们假定 AWS 是这个专有的公有云提供商。为了在公有云和私有云之间保持一致性，必须使用支持 AWS 的私有云解决方案。Eucalyptus 是一家支持 AWS API 的公司。需要注意的是，Eucalyptus 不支持所有的 AWS API。鉴于此，对于架构中需要进行故障转移设计的组件所使用的 AWS API，我们有必要将其限制在 Eucalyptus 能支持的范围内。

## 混合 IaaS（开源）

另一个选择是使用开源的 IaaS 解决方案，如 OpenStack，并在公有云和私有云上都使用该软件。在这种示例里，可以在两种云里运行完全一样的代码，没必要像前述 Eucalyptus 的例子中那样限制 API 的使用。

## 混合 PaaS

就 PaaS 而言，为了在公有云和私有云中实现故障转移机制，企业必须首先选定私有 PaaS。市场上有一些开源和商业的私有 PaaS 服务提供商，大多数都与或正在与 OpenStack 进行集成，并且能够运行在 AWS（或任意基础设施之上）。正如本书之前提到的，私有 PaaS 不利的一面在于云服务消费者仍然必须对基础设施层、应用堆栈和 PaaS 软件进行管理。但是，如果需要在公有云和私有云之间实现故障转移，私有 PaaS 是唯一的方案，因为公有 PaaS 不能运行在私有的基础设施之上。

## AEA 案例研究：灾难恢复计划

为了正确完成灾难恢复的设计，顶点拍卖在线（AEA）梳理了其业务架构图，并对 RTO、RPO 和架构的每个组件进行了赋值。架构最重要的部分是买方服务。买方不能购买产品的每一秒，都意味着 AEA 的收入在损失。API 层是下一个最关键的组件。当 API 层不能使用时，外部合作伙伴不能访问系统。然后是卖方服务。当卖方服务发生故障时，不能发起新的拍卖，并且现有的拍卖也不能进行任何变更，但是买方仍然能够对活跃的拍卖竞标。在所有的业务流程中，向卖方支付的流程或许能比其他服务对宕机的容忍时间长一些，但是这个服务由第三方解决方案处理，所以AEA不必在云中处理信用卡和支付问题。后端系统能容忍的宕机（down）时间最长。

最关键的组件（买家服务、API、卖家服务）在架构设计时，将会运行于多个双活云。AEA已经选择运行在公有云之上。这些关键组件将被要求运行在云服务提供商提供的多个数据中心之上。每个数据中心将会以活跃的状态运行服务，并且流量将会被路由至距离请求者最近的数据中心。如果这个数据中心不可用，流量将会被路由至下一个可用的数据中心。AEA认为，一个双活热备的架构能提供高可用性和快速回复时间。它还着重强调了使用现有数据中心作为另一个容错用数据中心的计划，但是达成这样的目标所需要的工作，要远大于AEA当前必须交付的时间框架。相反，公司将其记录在待办事件，并暂时将其紧急程度排在靠后的位置。如果公有云的双活热备方案将来不能满足AEA的需求，那么它就可以进一步构建混合方案，这样它的数据中心也能作为备用设施使用。

后端系统采用了更为传统的备份数据，然后离线发送的模式。对于出现问题的组件，会有一个备用的网站用于恢复服务。

## 13.7 总结

云计算仍然相对较新并且不太成熟。我们应该预见到，偶尔会出现服务中断、供应商关闭服务及类似飓风、地震和洪水这样的自然灾难影响系统时刻运行的情况。不管云服务模式是什么，对灾难进行规划设计是重要职责所在。公司必须明确 RTO、RPO 和恢复价值，这样才能实施适当的投入和恢复设计。理解在每种云服务模式和每种部署模式下，如何从灾难中进行恢复相当重要。灾难对于一个公司所带来的后果的风险越大，公司想要更多控制以降低风险的可能性就越大。风险容忍度能决定云服务和部署模式的选择。在公司选择云服务和部署模式时，最好能把灾难恢复视作决策制定流程中的一部分。

# 第14章　使用DevOps文化来更快、更可靠地交付软件

在我的一生中拥抱过许多服务器。它们并没有给我个笑脸。

——维尔纳·沃格尔，亚马逊 Web 服务 CTO

DevOps 相对来说还是个新词，并且存在着很多误解。许多人认为 DevOps 是一种 IT 职能，更具体地说是介于开发者和系统管理员之间的混合体。这种想法带来的问题是，公司常常会创造出一个新的所谓 DevOps 的竖井（silo）[①]，并试着找一个在开发和运维方面都堪称“大拿”的超级管理员来填补这个竖井。说实话，有时候“三条腿的蛤蟆”可能更好找。

DevOps 并非是一个团队，也不是一种职能。DevOps 是一种文化转变，或者说是一种新的思考我们如何开发和发布软件的方式。DevOps 运动讲的

---

① silo，国内常见的翻译也有“孤岛”，本书翻译以“竖井”为主。——译者注

是，打破竖井，鼓励开发、运营、质量控制、产品和管理之间的沟通与协作。

## 14.1　发展 DevOps 心态

2009 年，第一届 DevOps Days 会议在比利时召开，几个受到 John Allspaw 和 Paul Hammond 的一篇名为“每天部署 10 次：Flickr 的开发和运营协作”（*10 Deploys per Day: Dev and Ops Cooperation at Flickr*）的文章启发的从业人员，聚集在一起讨论如何在开发者和运营人员之间创造出一种更具有协作性的文化。大会出席人员在 Twitter 使用 DevOps 的标签来讨论会议。随着“DevOps Days”在全球范围的涌现，这个话题得到了越来越多的支持。最终，这个标签成为这个新运动的名字。

DevOps 运动源自许多从业人员在处理脆弱的系统时的挫败体验。由于软件以竖井的方式进行构建，不同的团队彼此之间未能进行有效的沟通，系统变得非常脆弱。因为缺乏沟通，开发人员经常不具备工作所需的环境和工具；而软件在甩给运营团队之后，就会要求他们提供支持。相应地，部署就很容易变得复杂和容易出现错误，致使发布周期变长，产生更多风险。这些脆弱的系统还负有技术债务，使得难以针对系统的每个版本进行维护。

负有技术债务的脆弱系统，带来了计划外的工作。当把资源从计划内工作抽离，扑向计划外工作时，项目计划就会受到影响，完工日期就会延迟。为了减少日期延误的风险，开发者被迫走一些捷径；捷径往往导致稳健架构的缺失，推迟诸如安全和保障性这些非功能性的需求，以及其他关键的稳定性功能，而这又会带来更多的技术债务。这种循环将持续不断地创造出一个令人绝望的死亡漩涡，质量、 可靠性、 士气和客户满意度等所有的一切，随着时间推移都会下滑。

为了停止这种疯狂的状态，DevOps 运动将焦点放在系统思维方法上。这个领域早期的创新者们杜撰了一个新词 CAMS，分别代表文化（culture）、自动化（automation）、测量（measurement）和分享（sharing）。DevOps 的目标并非聘请一个在开发和运维领域都是专家的“超级大牛”；相反，DevOps 的目标是以开发、运维和质量保证的需求彼此相关，并且这些需求应该是一个协作过程的组成部分，这样一种心态来构建系统的。开发人员不再只对代码负责，测试人员不再只对测试负责，运维人员也不再只对系统的运维负责。在 DevOps 文化里，每个人都对整个系统负责并承担后果。每个人都同甘苦共患难，承担着一个任务也分享奖励。每个人都对交付和质量负责。

在知名作者和 DevOps 从业者的描述中，DevOps 思维可被归结为以下 4 类：

1. 理解工作流程。

2. 始终寻求提高流程的方法。

3. 不向下游传递缺陷。

4. 取得对系统的时刻理解。

这些原则适用于整个团队。不管是开发人员、运维人员还是产品人员，团队的每个人都应该完全理解系统的流程，积极主动地找到提高流程、消除浪费的方法，并且从上到下对整个系统有清楚的理解。此外，团队必须特别强调，不能容许缺陷的长久存在，因为缺陷逗留的时间越长，修正它们的代价越高，也越复杂，这会给将来带来大量计划外的工作。

构建和发布软件与制造和装运产品的流程相似。实际上，DevOps 运动在很大程度上都受到了精益生产原则的影响。DevOps 运动的一个主要关注点就是，从概念到开发，直至发布，最大化软件创造的工作流程。为了实现这个目标，团队应关注以下六点：

1. 自动化基础设施

2. 自动化部署

3. 设计功能标记（feature flag）

4. 测量

5. 监控

6. 快速试验和失败

## 14.2　自动化基础设施

云计算的一个最大优势就是，可以通过各种 API 对基础设施进行抽象，从而使我们能够像对待代码那样来对待基础设施。鉴于配备和撤销基础设施可以通过脚本进行，不实现环境创建的自动化真的就没什么理由了。实际上，我们能够同时进行代码的编写和环境的搭建。最佳实践就是执行实施这样的策略，即每次以一整套代码结束的冲刺（sprint），也应该包括相应的环境在内。通过执行这种策略，冲刺中的用户故事也应包括必要的开发、运维和质量保证需求。通过和环境一起交付代码及其测试框架，我们可以极大地加快工作流程。

在过去，我们交付代码时会打包推给质量保证，质量保证完成自己的工作后再推给运维团队，而运维团队又必须采用某个适当的环境。由于竖井之间缺乏沟通和协作，运维为了搭建正确的环境，需要发起大量反复的会议、电话和电子邮件。这通常会导致瓶颈和环境问题，因为运维团队在最初的讨论中并没有参与进来。使情况变得更糟的是，一旦环境最终完成，部署在这上面的代码又是第一次运行在这个环境里，通常这又会在项目生命周期的晚期引入新的漏洞。在这个生命周期的晚期查找漏洞，会导致团队提高这些漏洞的优先级，只修复那些关键的问题，而其他问题就与大量先前发布版本的漏洞一起被推入待办事项中，或许永远不会出现在优先循序表的前列。显然，这不是创建质量和快速推向市场的方法。

运维应该让开发能够以一种可控的方式创建自己的环境。提供自服务的基础设施是另一个提高开发流程的好方法；但如果没有适当的管理等级，自服务可能会带来混乱、不一致的环境、未经优化的成本，以及其他负面效应。因此，要想将自服务配给的权限保持在适当程度，最好的方法就是创建一套人们在适当访问权限下能够按需请求的标准的机器镜像。这些机器镜像意味着安装了所有适当安全控制、策略和标准软件包的标准机器。例如，在一个开放或质量保证环境下，开发人员或许能够从一套标准的机器镜像中选择一个运行 Ruby 的 Web 服务器、一个运行 NGINX 的应用服务器、一个运行 MySQL 的数据库服务器等。开放人员不必对任何一个环境进行配置。相反，他只需要请求镜像和相应的目标环境。然后环境在几分钟内自动得到配备，开发人员就可以开始工作了。我刚刚描述的是自服务配给如何在基础设施即服务（IaaS）中工作。在平台即服务（PaaS）模式中，对非生产环境有适当访问权限的开发人员，可以使用 PaaS 的用户接口来完成相同的自服务功能。

## 14.3　自动化部署

自动化部署是另一个提高软件开发流程的关键工作。许多公司都有着完善的自动化部署，达到了一天部署多次的地步。要实现部署的自动化，代码、配置文件和环境脚本都应该共享同一个库。这样团队能将部署过程脚本化，同时完成构建和相应环境的部署工作。因为移除了部署过程中的人为失误元素，所以自动化部署会减少周期时间。更快和质量更高的部署使团队可以更加频繁和更有自信地进行部署。而部署更加频繁会带来更小的变更集，减少失败的风险。

过去，部署是麻烦的手工活儿，通常依赖于了解部署一个构建所涉及步骤的特定人员。由于部署需要人工干预，而且通常比较麻烦——在深夜或大清早进行，并且在出现部署问题后还要进行紧急的漏洞修复，所以相关的过程并不可重复。鉴于部署的复杂性且可能出现问题，团队出于对打断生产系统的担心，通常选择尽可能少进行部署。

自动化部署的目标就是解决所有这些问题。自动化采用了合理的部署过程，并使之足够简单，任何人只要有适当的权限都能通过简单地点选版本、环境和单击确定按钮来部署软件。实际上，一些掌握了自动化部署的公司会要求新员工在非生产环境下完成一次部署，作为他们第一天工作的训练内容之一。

## 14.4 设计功能标记

当今部署方法论的另一个新趋势是使用功能标记。功能标记允许对功能特性进行开启或关闭的配置，或者只对特定群组的用户可用。这样做的好处可以体现在以下几个方面。首先，如果功能特性出现问题，如果已经进行了部署，那么可以快速进行配置将其关闭。这样其余的已部署功能仍然可以在生产中运行，团队就有时间进行问题的修复，并在可用时重新将其进行部署。这种方法要比团队匆忙、快速地修复一个生产问题或致使整个发布推迟安全得多。

功能标记的另一个用处是允许功能特性由特定的群组用户在生产中进行测试。例如，假定我们虚拟的拍卖公司，顶点拍卖在线发布了一个新的拍卖功能，允许引导现场拍卖活动的人启动网络摄像头，与投标的客户进行在线交流。有了功能标记并且对用户群组进行了相应设定的话，这个功能可以只对雇员启用，这样他们能够在生产环境中运行一次模拟拍卖，对性能和用户体验进行测试。如果测试结果可以接受，他们或许会选择在开放给全部的用户之前，在特定地区以 Beta 测试的形式运行功能特性，以收集客户反馈。

## 14.5 测量、监控和试验

我们在第 12 章详细讨论了策略和监控的问题。这里要说的内容是，借助功能标记，我们能运行类似 A/B 测试之类的试验来收集信息，来对系统和其用户有更多了解。例如，假定一名产品经理认为注册流程对某些用户太复杂，她想要对一个新的、简单的注册表单进行测试。使用功能标记和配置选项，可以进行设置，在请求注册页时每隔一次显示新的注册页，这样团队能对新的注册页的用户指标和现有注册页的用户指标进行对比。另一个选项是在特定时间段，在特定地理位置测试功能特性，或者针对特定的浏览器或设备进行测试。

功能标记也可以用于在生产中针对真实的生产负载测试功能特性。特性可针对某个测试群组或以 Beta 版的形式针对某个特定地区启用。一旦启用，可对特性进行紧密监控，并在收集到足够数据或发现问题时进行关闭。DevOps 文化鼓励这类试验。快速失败（fail fast）是 DevOps 中的常见口号。有了基础设施和部署的一键自动化，以及功能标记的可配置性，团队能够快速试验、学习和调整，从而带来更好的产品和更满意的客户。

## 14.6　持续集成和持续交付

在我们对自动化的讨论中，提到了环境和构建的自动化。下面我们对这个话题聊得再深一些。持续集成（CI）指在每次提交时构建和测试应用的行为。无论变更的大与小，开发人员需要习惯于总是记录自己的工作。

持续交付（CD）将这个概念更进一步，除了 CI 之外，还在这个流程中加入了自动化测试和自动化部署。CD 通过确保在整个生命周期而非最后都进行了测试，提高了软件的质量。此外，如果在构建过程中，任何自动化测试失败，那么构建过程也会失败。这就避免了将缺陷引入到构建中，从而提高了系统的整体质量。通过使用 CD，我们得到了始终正常工作的软件，并且每一个成功集成到构建中的变更变成了候选发布版本的一部分。

过去，只需要几分钟完成修正的漏洞，通常必须等待其他多个用户故事完成之后，才能打包进一个大的版本发布中。在这种模式下，软件在由专门的质量保证专业人士验证之前，被假定为是有错误的。测试是开发之后进行的一个阶段，质量的责任就落在了质量管理团队的肩上。为了赶上开发的截止日期、不对自己的工作绩效造成什么影响，开发人员通常会将质量不高的代码推给质量保证了事。质量保证通常不得不抄近路来完成测试工作，以及时将代码转交给运维来发布软件。这就导致某些已知的漏洞流入生产系统中。这些漏洞会经历一个优先级排序的过程，然后将最重要的漏洞解决，以保证不会错过项目日期或不会延迟太久。

在 CD 模式下，除非自动化告诉我们软件有误；否则，软件被假定为正确的。质量是每个人的责任，测试会在整个生命周期中进行。为了以持续交付的方式成功运行项目，必须有一个高水平的沟通和协作，以及遍及团队的信任感和主人翁精神。本质上，这就是 DevOps 运动所要表达的文化类型。

那么，所有这一切与云计算有什么关系？DevOps 文化、持续集成和持续交付并非强制要求在云中构建软件。实际上，对于大型的成熟公司而言，往往都有着大量的流程和长期的交付流程，这些术语听起来更像是一种美好的不现实的想象。但是所有这些由创新性的从业人员所发展出的流行语，都使用了云计算的最大优点之一——基础设施即代码，并结合某些来自精益生产的经过检验的最佳实践进行推广使用。

云计算的最大承诺之一就是敏捷。每种云服务模式都对我们提供了一个远快于以往的推向市场的机会。但是要实现这种敏捷性需要的远不止技术。正如每一个公司架构师所知道的，需要的有人员、流程和技术。技术现在有了。像你一样的人员正在阅读类似本书这样的读物，因为大家想要对如何利用这种强大的技术来达成商业目的有更多的了解。但是没有良好的流程，将很难获得敏捷。以下是一个实际的案例。

我的一个客户构建了一个非常棒的云架构，改变了它所在行业的商业前景。简单来说，这个客户颠覆了它所在行业的商业模式。因为它所有的竞争者都在大规模数据中心里有着遗留系统，在所有的零售客户商店里也都有着大量的基础设施投入。这个客户在公有云里搭建了一整套不需要在零售商店里进行基础设施安装的解决方案，从而带来了更快的安装启用、明显更低的成本，以及更多的灵活性。不幸的是，在我的客户从一个小型初创企业发展成一个大公司时，他并没有建立一套成熟的构建和部署流程。它创建了一个运维人员的竖井，并称之为“DevOps”。开发人员将代码推给质量保证，质量保证再推给 DevOps。DevOps 于是成了最大的瓶颈。这个团队的目标是实现构建和部署的自动化。但问题是，关于责任的承担并未达成共识。所有的一切都堆积在这个团队的周围，它只能一点点清除和解决问题。最终结果是大量未能完成的最终期限、极低的部署成功率、很差的质量、愤怒的客户以及降低的士气。即便公司的技术相对于竞争对手而言还很优越，但 IT 的瓶颈是如此之大，以致它不能通过快速增加更多的功能来更多地实现自身与市场的差异化以积累资本。

这个故事告诉我们，只有云技术自身是不够的。还需要牛人、特殊的团队和主人公文化，以及尽可能多的自动化来实现云的敏捷性的良好流程。

## 14.7 总结

DevOps是一个基本上由运营从业人员驱动的“草根”文化运动，目标是提高团队成员之间的协作和沟通，更快、更可靠地发布高品质的软件。不应该把DevOps理解成一种IT职能或者IT内部的另一个竖井。DevOps基于精益生产的原则，以在减少缺陷的同时提高工作流和消除浪费为目标。

持续集成是DevOps文化中使用的一个常见流程，在每一次导入（check-in）时都进行对系统的搭建和测试工作。持续交付则通过强制进行自动化测试、搭建和部署，提高软件部署的成功率。想要从云中获得敏捷性的公司必须牢记，想要达成敏捷交付的目标，除了要选择正确的技术，还要采取了正确的文化（人员）和类似持续集成（CI）与持续交付（CD）这样的流程。

# 第 15 章　评估云模式对组织的影响

> 人们不讨厌改变，他们讨厌的是你一直想要改变他们的那种方式。
>
> ——迈克尔·T·金泽，转型变革专家

我们回望技术的演化过程，从主机时代，到个人计算机的诞生、互联网时代，然后是现在的云，在这些转变中恒定不变的是，它们都带来了巨大的改变。随着技术的变革而来的是商业运营方式的改变。每次转变都改变了企业的运营模式。在主机时代，软件主要用于支撑内部的业务功能，如工资单、会计、制造等。消费者并不与系统打交道，他们的接口人是银行出纳、收银员、保险代理、药剂师、旅行代办人等。那时的业务与 IT 对应关系要简单得多，因为 IT 的唯一目的就是构建业务使用的应用。

PC 时代产生了新的运营模式，软件供应商会把软件打包并发送给客户，然后由客户在自己的企业内部进行软件的安装和管理。这种新的运营模式需要进行组织变革，这样公司才能对运行在客户那里的软件提供支持。而为了处理运行在客户处的软件，又形成了新的支持机构，创建了新的销售流程，以及优先处理新的软件需求。定价模式变了，激励机制变了，合同和服务条款也变了，甚至客户类型都变了。业务和 IT 的对应开始出现分裂，因为现在 IT 有了许多客户——内部的，外部的。除此之外，IT 现在还必须管理分布在企业内外的基础设施和软件，而在过去一切都集中在大型机上。

互联网时代再次给运营模式带来了巨大改变，企业能够一天 24 小时直接向客户出售产品和服务。现在企业能昼夜经营，并且不需要具体的办公地点。正如前一个时代，巨大的流程和战略变革影响了销售、法律、开发、支持等各项内容。消费者现在直接与系统进行交流。在此之上，内部系统现在要面对各种从互联网进入的外部威胁带来的损害风险。这就给 IT 和业务的对应关系造成了巨大的分歧，因为更没有附加价值的工作也被硬加给了 IT 部门。

现在，云来了，变革再次重复着自己的模式。云计算对企业运营模式带来了巨大的改变。这些改变远远超出 IT 部门的范围，公司需要做好准备来应对。现在，IT 在构建能运行在云中的软件，而客户通过互联网进行访问。将软件发送给客户，并在专业服务和年维护费用上大赚一笔的日子已经结束了。伴随长期实施项目而来的大笔许可费及大型资本支出变成了遥远的回忆。现在的期望是，软件启用、永远工作、定期得到升级，而我们只为自己的使用量付费。可以说，变化无处不在！让我们仔细看看这些变化如何影响组织。

## 15.1　企业模式 vs 弹性云模式

在云计算兴起之前，许多公司参与的是所谓的本地软件交付模式，也被称为企业模式。在这种模式里，公司搭建和管理自己的数据中心和基础设施，构建软件，然后配送给客户或者由客户下载使用。在软件交付模式里，通常每年或每半年提交一次大的发布，修复严重的缺陷或者发布重要的功能。

软件在开发时就抱有这样的目的：客户或专业服务公司将会执行一次安装或对现有安装进行一次升级。但升级对客户的日常业务具有破坏性。客户有大量其他的优先事项，并不希望太频繁地升级供应商的解决方案。客户同样负责管理物理基础设施和软件，这里面就包括能力规划、备份/恢复和容量扩展。当系统逼近能力值时，客户负责购买更多的硬件和许可协议。当然，购买这种类型的软件需要进行硬件、软件和实施方案所需的人力资源资金投入。许多软件产品需要长期的、复杂的实施，这一过程可能需要几周或几个月；其他的解决方案需要引入费用高得离谱的专家来完成专有解决方案的安装。整体来说，软件公司的收入模式依赖于专业服务和每年重复发生的维护费用——平均是初始成本的 20%。在这种模式里，考虑到进行升级的复杂性和成本问题，对软件的变更很少发生。

进入云时代和新的所谓弹性云模式的运营模式。Cloudscaling 的首席技术官 Randy Bias 在我与他进行的一次会谈中，给出了最好的说明："托管的软件与配送的软件相比有着根本性的转变"。正如 20 世纪 90 年代互联网带来的影响那样，由弹性云模式带来的转变对商业也带来了破坏性的影响。

在企业模式中，一旦供应商创建了软件版本并完成了发货，剩下的就是客户的责任来管理生产环境。在弹性模式下，云提供者交付的是一种时刻运行的服务，就像那些公用事业一样。搭建云服务提高了质量水平、市场推进速度和客户导向程度这些组织保持竞争力必须做到的事情。

我们可以打个比方来总结企业模式和弹性模式之间的差异。企业模式就像是将发电机卖给客户，而弹性模式等同于向客户提供每天 24 小时不间断的电力。在完成制作并发货后，除非客户拨打支持电话，否则你与客户的交互就结束了。而在提供电力时，工作会一直持续下去，因为你要时刻保持电力的运行。如果发电机出现故障，则只有一个客户会不高兴；而如果断电，则会有很多客户不高兴。很明显，提供电力的公司需要一个完全不同于销售发电机公司的组织模式。

## 15.2 IT 影响

以下是在从本地企业模式迁移到弹性云模式时，IT 范畴内会受到影响的重点领域。

- **部署**。与配送补丁或完整发布版本，并指望客户或现场技术服务人员来安装软件不同，在云中的部署会频繁进行，并且不会造成服务的中断。

- **客户支持**。云供应商负责所有的基础设施，自动伸缩，打补丁/升级，以及安全漏洞、服务等级协议（SLA）等。客户支持不仅限于应用支持，并且现在已经延伸至对高可靠、可扩展和可审计平台一年 365 天 7×24 小时的实时支持。

- **监管**。基于云的软件比交货软件坚持的标准高得多。因为客户舍弃了对基础设施、数据、安全和 SLA 的控制，将大部分责任转嫁给了云供应商。伴随这些责任而来的就是类似 SAS 70、SSAE 16、HIPAA、SOX、PCI 等相关的监管要求。受这些法规约束的客户也会要求他们的提供商合规。
- **监控**。运行一个实时平台要求有着严格的监控、日志和系统级指标的收集。最好的平台采取一种非常积极主动的方式，发现自己数据的变化，从而在小问题变成大灾难之前进行阻止。例如，如果某个 API 平均每天会调用 1000 次，但是突然只调用 5 次或 5000 次，那么就应该有人查看日志并检查是否有哪里出现了问题。在弹性模式中，组织必须在监控方面表现得更主动。
- **可用性**。对于交货软件，由客户负责管理基础设施和完成适当的能力规划。在托管软件中，供应商必须达到或超出已公布的 SLA。为了做到这一点，供应商必须交付能无缝升级、不会造成服务中断的超高质量的软件。此外，软件必须能够自动伸缩来处理流量突增情况，并且在数据中心失效时自动进行故障转移。
- **独立性**。在使用交货软件时，客户很容易实现独立。每个客户都收到配送给自己的软件，彼此之间相互排斥。在一个多租户环境中，很难做到这一点。绝大多数云供应商都会想要尽可能使用共享资源来降低成本，但是他们或许也需要将特定组件如数据、账单信息和性能进行隔离，这样用户就不能访问竞争对手的信息，并避免一个客户的性能损失影响其他人。

## 15.3 商业影响

云计算的影响远不限于IT领域。理解商业影响也很重要。下面我们将讨论其对财务和金融、法律、销售，以及人力资源的影响。

### 财务和金融

现金流是投资人和股东想要从财务报表中看到的最重要的财务信息之一。简单来说，现金流就是流入公司的货币量（收入）与流出公司的货币量（费用）之间的差额。云计算不仅改变了收入来源，也改变了现金支出的内容。在企业运营模式中，要先购买软件，然后才能安装和使用。通常会有一个介于初始购买价格 18%～20%的维护年费。有时针对时间在几周或几个月不等的软件安装工作，还会收取所谓的专业服务费。从销售方的角度看，销售额的可预期性很强，因为价格已知并且很好预测。而购买方则必须要提前进行一大笔投资，这样会对现金流带来不利影响。然后随着时间推移，用产生的收入（如果这刚好是一个创收工具）来弥补预付的资本支出。

在弹性运营模式中，现金流的故事就完全不同了。绝大多数云服务以按使用付费的模式进行销售，买家没有提前支出的成本，只对自己使用的服务量进行付费。一些云服务每月收取一笔订阅费，但对开始使用来说这仍然不算什么大的投资。作为一个买家，资本支出（CAPEX）从成本等式中移除，服务成本被归类为一种运营支出（OPEX）。买家按照云服务为组织带来的收入或价值速度，成比例地支付云服务的费用。例如，使用基础设施即服务（IaaS）的公司为服务第一个客户所需的计算能力付费。随着公司开始获得更多的客户，为了支撑不断增加的收入，就会提高在 IaaS 提供商方面的花费。如果管理适当，公司的成本会与收入同步缩放，成本就会被作为 OPEX 考虑。这种方法就可以将营运资本空出来投入到业务的其他领域。

按使用付费模式的一个问题是，对收入和成本的预测要比在企业模式中更不确定。在企业模式中，客户支付的初始成本是一种一次性的固定成本。维护年费成本的可预测性非常强。如果客户需要购买更多，进入采购流程就是了，非常容易跟踪记录。在弹性模式中，卖方基本上无法掌控客户的开支数额，因为客户按需进行服务的消费。客户在一个月的服务使用量可能会比下个月多 25%。正是因为收入和营业费用按使用量不断波动，所以现在很难做到靠谱的预测。

产品团队在工作上应该与财务团队进行更紧密的合作，来确定既能满足客户数量增长又能满足企业财务和金融需求的最理想的价格体系。

## 法律

基于云的软件和服务的合约要比交货软件的合约更先进。这些新的合同在隐私、数据所有权和许多其他监管法规如 SSAE 16、HIPAA、PCI 等方面有着特定的条款。由于供应商代替客户承担了更多责任，因此对基于云的软件和服务的买卖双方的尽职调查过程要稳健得多，也更耗费时间。同样，随着监管部门被迫更新政策来适应数字时代的需求，法律和法规也发生着变化。依照我的经验，云服务的买家在审批程序上，要求更高也更严格，特别是在隐私、安全、SLA和认证方面。完成一单基于云的B2B服务所花费的时间，要远远超出我曾经向企业销售非云软件的时间。

法律部门应做好准备，在产品和服务方面会有更多的请求和更全面的评估。如果相关团队没有做好配合的准备工作，那么很可能会在快速获得客户方面成为瓶颈。在竞争非常激烈的极端案例中，法律方面的瓶颈会导致交易的丧失。最好的办法就是制作一份文档，讲清楚关于隐私、安全、监管、SLA、所有权等方面所有的政策和程序。有些公司会准备两份文档。一份是高水平的公开文档，不要求签署保密协议，可以发送给潜在客户，甚至放到公司的官方网站上。另一份是更为详细的标准文档，整合了所有合同中会有的法律信息。卖方使客户放心的速度越快，业务成交的速度就越快。缺少这些文档，就可能会面临客户不断提出信息请求的风险。

## 销售

销售基于云的软件和服务，对销售人员提升自己的技术能力提出更多要求。销售人员在最低限度上必须理解云计算的基础知识，并且能够在一个较高水平上讨论类似隐私和SLA的东西。在企业客户认可云计算是一种规范之前，在接下来的几年内，销售人员在销售自己产品价值的同时，都将不得不花费更多的时间来推销云计算的价值。

弹性模式的销售与在企业模式中的销售有着明显的不同。很明显，按使用付费的定价模式与大笔的预先获取模式有着很大的区别。在许多案例中，客户并没有受困于长期承诺，只是按月付费。同样，在绝大多数案例中，实施解决方案所花费的时间也得到了明显缩减。过去通常会有一个漫长的采购流程，包括硬件、软件、专业服务和项目实施计划。在弹性模式中，许多服务在客户同意条款时就会马上启动。整个销售过程中经常都没有卖方的任何介入。买方可以访问卖方的网站，点击几个按钮就开始消费服务。在这种情况下，销售过程更多集中在通过媒体、大会、电子邮件宣传和许多其他的媒体来进行广告和提高知名度上。

只是通过单击按钮和信用卡注册就能启用云软件，并不意味着企业会放弃评估过程。具体而言还是取决于所提供的服务。一个寻找协作工具的 IT 团队可能会在没有进行稳健评估的情况下做出决定并快速注册，然后开始使用工具；而一个想要在 IaaS 供应商之间做出选择的公司，则可能会进行非常全面的评估，包括与每家提供商进行若干次会谈，详细讨论财务和法律方面的问题。

## 人力资源

许多公司没有云计算所需的技能集，所以人力资源（HR）会被要求找到熟悉云的员工。并非每个城市都有大量的云人才，这就要求招聘人员同时着眼于国内和全球市场。许多云专家不想更换工作地点，所以网络办公将会是一个获得人才的办法。HR 将不得不平衡全职员工与顾问的使用，来获得迎接云计算挑战所需的恰当的人才搭配。市面上有许多云咨询公司，但是买方仍需要擦亮眼睛。差不多所有过去从事商业咨询的公司一夜之间就神奇地成为一家云咨询公司。不夸张地说，很可能本书的读者对云计算各种知识的了解比那些声称拥有专业知识的高收费的顾问还要多。所以在与这些咨询公司面谈时，要把它们当作应聘全职工作的员工来对待。不要被那些漂亮的营销幻灯片和精美的商务名片所骗。云计算对企业来说仍然是新事物，还没有太多人或公司有着相关的经验。

对于构建云解决方案的公司来说，非常建议它们对现有的人员奖励和认同方案进行评估，来判断是否适合现在的软件开发方法。在第 14 章中，我们讨论了打破 IT 之间的竖井是如何的重要。在本书中，我们也一再强调构建松耦合的服务是如何的关键。HR 和 IT 应该进行集体讨论如何促进这种预期行为的产生。如果现有的激励措施不能鼓励人们做出改变，那么认为一切都将魔法般地自动改变无异于痴人说梦。评估现有的组织结构，确保其在信息分享、学习和消除壁垒方面做了尽可能的完善。创建一种以团队合作和协作为荣的 DevOps 文化。奖励人们做出新的行为，并阻止旧的方式。

## 15.4 组织变革规划

为了获得组织层面的成功，我们虚构的公司 AEA 需要一个变革管理计划来引导自己完成这次转型。CRM 项目只是改变的冰山一角。要交付拍卖网站的未来版本，即将第三方连接到拍卖引擎的平台即服务（PaaS）方案，需要做出更多实质性的改变。

如果组织拒绝改变，则后果可能是项目方案难以推行，或者项目需要花费很长时间且成本巨高，再或者是项目并没实现预期效果。在很多极端案例中，公司拒绝改变并走回了老路。为避免出现这些不可取的结果，变革专家 John Kotter 建议采取以下 8 个步骤来引导组织内部的转型变革：

1. 营造紧迫感。

2. 组织指导联盟。

3. 订立愿景和策略。

4．沟通变革愿景。

5．赋权广泛基础的行动。

6．创造快速成果。

7．巩固成果，再接再厉。

8．根植于企业文化。

让我们看看顶点拍卖在线是如何使用 Kotter 的 8 个步骤来应对组织内部对变革的抵触情绪的。

## AEA 案例研究：组织变革规划

在第 3 章中，我们讨论了 AEA 内部对于 SaaS CRM 项目的排斥。编写了遗留 CRM 系统的开发团队抵触以新的现代的 SaaS 方案替代旧有系统的决定。

连续几个月在实施新的基于 SaaS 的 CRM 应用方面没有任何进展之后，AEA 的 CIO，Shirley Davidson 聘用了一位在组织变革管理方面有着长期经验的专家 Fred Sanders。Fred 和 Shirely 一起开始着手针对 AEA 的沟通策略。第一步就是营造一种紧迫感。他们起草了一份报告，对新系统将如何在移动和社交能力上帮助销售团队，使他们能够更快响应客户需求和表现得更加客户友好进行了说明。报告还谈及了在财务方面对公司带来的益处，包括降低成本、减少支持高优先级别的项目而进行内部资源再部署的机会成本，以及更少的硬件和软件的维护、打补丁、升级工作。报告的第三部分讨论了能给销售团队带来竞争优势的实时和分析能力，即提供更好的潜在顾客开发流程、更多的协作，以及更个人化的客户服务。报告的最后一部分将项目的交付与销售达成年度扩展目标的关键路径联系在了一起。这将帮助公司实现销售目标额，从而使全体员工有可能拿到全额的年终奖。

Shirley和Fred而后组建了一个团队来负责实现项目和转型的完成（组织指导联盟）。团队的成员由公司内既有影响力又受到尊敬的人构成。团队有一个财物的代表、一个人力资源的人、一个基础设施团队的中层管理人员、一名应用开发团队的主管和一名架构师。每人都在自己的专业领域有着核心影响力，并且能够回答每位员工“这对我有什么好处”（WIIFM）的问题。要知道，所有变化的核心都是回答每一个受到影响的人的WIIFM。一旦人们知道了为什么会要求他们进行改变，改变对他们和组织意味着什么，以及为什么如此急迫，他们支持变革的概率就会大幅提高。

一旦团队成立，他们的任务就是秉持这种紧迫性的说法，并创建一种在整个组织层面进行沟通的愿景。愿景要能清楚明确地表达未来的状况及变革对整体销售效率的提升。一旦形成了愿景，团队要创建一个沟通计划，包括全体大会等，来讨论紧迫性和愿景，并回答任何问题。每个成员与公司的不同团队召集会议，讨论与之有关的变革内容。例如，财务团队的会议侧重于从提前购买软件许可协议和硬件到按需支付服务有关的改变。应用开发团队的讨论集中在抛弃构建非核心竞争力的应用转而支持集成的SaaS方案上。每个团队会议都将主题集中在对该团队重要的事项上。指导联盟的不同成员撰写有关项目的博客，并在每月的内部通讯上书写文章；并且通过多个渠道保持沟通，交换对愿景的看法。

团队有权做出一些决定，包括排除不管是由优先级冲突造成的还是由抵触情绪带来的任何障碍。任何他们无法解决的妨碍因素都会被提交给 Shirley。Shirley 曾经不得不因为一名员工带来的消极影响而将其开除。一旦沟通计划开始生效，项目就再次启动，在一个月时间内，将数据从旧有系统迁移至新的基于 SaaS 系统的项目就完成了开发和测试。然后在一个星期六的早晨安排了割接工作，将数据导入了系统。用户和测试人员整个周末都在访问数据，然后团队在周一早晨完成了割接。从销售得到的反馈非常惊人，团队还得到与家人分享的专宴与礼品卡奖励。

下一步是使用这个项目作为一个案例研究来进一步提升公司内部的改变。团队现在可以为更多的基于 SaaS 的方案推行进行传播布道了。Fred 的工作在这个阶段就结束了。他和 Shirley 带来了变革并使之制度化，成为企业运行的一种新方式。如若没有在组织变革管理上的投入，则 AEA 将无法完成向 SaaS 的迁移，而只能继续在无法满足每个人需求的遗留系统上投入费用。

## 15.5　真实世界的变革

我知道 AEA 变革管理的示例听起来可能更像是一个虚构的故事，而非真实的案例。许多年以前，我领导了一个大型的面向服务架构的项目，需要在整个组织内进行大的变革。这不仅要求 IT 部门能打破竖井协同工作，还要求企业对整个业务流程做出大幅改变。那时有非常多的抵触行为来妨碍变革进一步发展。当时，我正努力通过夜校课程获得 MBA 学位，在一堂课上我发现了 Kotter 的著作。他的观点切中肯綮，于是我购买并阅读了更多他写的关于变革的书。在有了更多自信之后，我重返工作岗位，开始推行 Kotter 的 8 个步骤。开始仍然困难重重，因为我们已经进行了很长一段时间，抵触情绪已经建立起来。但是我们还是取得了进展，尤其是当我们让中层管理人员进入之后。当然，是有一些人从来没打算接受这个变革，这项工作也确实不容易做；但是如果我们没有开始推行组织变革管理的计划，项目就可能已经失败了。我从中得到的教训是，尽可能在早期推行这个计划，并在抵触情绪出现之前营造一种积极的氛围。

## 15.6 总结

从企业模式转向弹性计算模式需要整个组织的努力，千万不能低估这一点。这不仅是技术策略的转变，还是所有部门的策略的转变。管理层应该对公司的每一个部门进行分析，明确将组织迁入弹性云运营模式需要进行的改变。意识到这一点，并在组织整体范围内做出适当改变的公司，将会比那些只将其视作 IT 项目的公司更可能成功。

# 第 16 章　最后的思考

任何组织的人都会执着于一些过时的事物，执着于它们本应但没有发挥的作用，执着于它们曾经有过但不再存在的价值。

——彼得·德鲁克

云计算将从各方面对当今的企业带来破坏性的影响。初创企业已经在使用按使用付费的模式摸索自己的发展道路，并以与过去相比极低的成本快速将创新性的解决方案推向市场。在本书撰写之际，企业正处于一个选择的临界点，但最终它们会克服对云的恐惧并开始进行大量投资来将工作迁入云中。云计算虽然还不太成熟，但却正在快速进化。在我写这本书时已经发生了太多的变化，以至于在完成第一稿之后，我不得不回过头去修改许多章节的内容。变革发生的速度如此惊人。我们已经进入了一个创新的黄金时代，我真的相信从长远来看，云时代至少会像工业时代那样对社会产生巨大的影响，或者可能影响更大。

## 16.1 云在快速进化

当我在 2008 年第一次在云中构建软件时，基础设施即服务（IaaS）还只是被初创企业和网站使用，或用于临时任务，但是几乎没有任何企业将其用于重要事项。企业顾虑公有云缺乏安全和可靠性。公有云的早期采用者以创纪录的速度和极少的成本推出各种革新性的业务。随着成功故事在接下来的几年内不断出现，企业也在进行评估，但云的方案仍然没有达到公司标准。然后私有云开始表现出对企业的吸引力。它们现在可以构建自己的云，承担安全、监管和可用性的责任。

当企业在私有云的道路上越走越远时，它们开始意识到这要比它们预想的工作多得多，并且可能还会更复杂，因为所有的现有遗留应用在架构上并不适合在云中运行。它们还意识到自己并没有享用到云计算的所有优点，如快速弹性和无处不在的网络接入。随着企业进一步推进，它们开始关注混合云，这就是本书写成时许多财富 1000 强企业的心态。

大企业推动了云供应商社区的革新，因为供应商知道，大企业的预算是最靠谱的收入来源。私有的平台即服务（PaaS）现在成了热门，但是两年前甚至都没多少人知道这个词；毕竟，PaaS 的目的是不必管理任何基础设施或应用堆栈的。供应商很快了解到的是，尽管不必管理任何基础设施听起来很有吸引力，但这对大型企业来说并非一个重要需求。绝大多数大型企业想要云的敏捷和“基础设施即代码”的能力，但是在面对存储数据和管理服务等级协议（SLA）问题时，它们也仍然想要在某些领域控制自己的命运。现在逐渐流行的做法是，大型企业搭建私有云架构，然后逐条评估工作量，判断哪些能放入公有云中，哪些应在私有云中运行。

另一个快速演化的领域是侧重于特定流程或技术障碍的云服务的兴起。例如，当今架构的每一个功能都有针对性的 SaaS 和 PaaS 解决方案。以下是一些典型的解决特定 IT 问题的服务：

- 安全服务
- 性能测试
- 持续集成和交付平台（也被称为 DevOps）
- 网页漏洞扫描
- 数据库服务
- 缓存服务
- 日志服务
- 监控服务
- 入侵检测
- 移动开发平台
- 大数据平台
- 社交媒体平台

这个名单还在不断增加。几乎在现如今的架构中要实现的每一个 IT 功能，都能以服务的方式获得。这意味着，现在在云中搭建解决方案可以通过集成一系列云服务来实现根本上的加速，而不用从头开发每一项功能。通过使用这些云服务，公司可以更多地集中精力在自己的核心竞争力上，从而更快地将产品和服务推向市场。

另一个快速进化的领域是公司用于构建云服务的流程和方法论。我们在第 14 章讨论了 DevOps 文化的精益思想。公司正在充分利用能在数分钟内完成基础设施的配备所带来的快速市场化的收益，并像对待软件一样来处理基础设施。基础设施可以配备的速度，使 IT 团队开始重新审视自己旧有的方法论。许多公司开始模仿 Etsy、LinkedIn、亚马逊、HubSport 及其他一天内进行多次部署的公司的成功故事。供应商快速将工具推向市场，为持续集成、交付和部署提供帮助。我们看到了计算历史上从未有过的敏捷性。随着越来越多的公司开始拥抱 DevOps 模式，越来越多的 CIO 也正在计划要求他们的团队做到类似的事情。看看接下来的几年，这一切将会如何发展无疑是一件很有意思的事情。我的判断是，抵触这种心态的 IT 团队，在每天都进行部署成为一种新的常态时，会有整个部门被外包出去的风险。这就指向我们的下一个话题“云文化”。

## 16.2 云文化

我们当中有些 1990 年之前出生的人，经常会开玩笑地说年轻一代不知道什么是八音轨播放器，不知道拨号电话是什么样的，也不清楚没有自动车窗和自动锁的汽车是什么样的，或者没有智能手机生活将会怎样。很明显，年轻一代以不同于前辈的方式看待世界。对于公司同样如此。很多公司诞生于云时代。这些公司没有传统公司所担忧的很多问题。他们所知道的就是云。他们所体验过的就是敏捷。他们能在任何地方、任何时间进行工作，只需要网络连接和一个浏览器就能把工作做完。对传统公司而言需要进行巨大变革的事项，对这些拥抱云文化的公司而言是再自然不过的事情。这一代的成长伴随着移动设备、社交网络、免费增值的商业模式、开源的软件和自助服务。

云文化所知的只有“多云”的世界。鉴于这一代永远无须在大型主机、类似 SAP 的大型企业系统、锁定的企业桌面、七层管理，以及所有在大型企业工作的荣耀上面纠结，他们能比之前的人在较少的束缚下思考和创新。结果就是这一代人和这些新型的只使用云的公司带来了当今大多数的创新。大型公司也注意到了这一点，我们看到兼并收购成为大型公司获得云计算人才的一个重要策略。为什么现在有这么多兼并收购的另一个原因是，商业模式在发生变化，过去的企业模式已经不再受到欢迎。靠硬件和软件销售生存下来的大型公司发现其业务模式在新时代已经过时；兼并和收购是重新加入市场竞争的最快方式。

## 16.3　新的商业模式

当今的初创企业能够做出一个假设，然后通过使用 IaaS、PaaS 和 SaaS 方案的结合，在没有大笔预先投资的情况下，快速在市场上对其进行验证。我们已经看到一些面向客户的网站公司，如 Instagram 和 Tumblr 在短短几年内从一个小型初创企业发展成数十亿美元的公司。这类公司都是市场上的特例。很少有公司能够像这两个网络明星做到的那样成功。现在涌现的是一种不同类型的商业模式，按使用付费的企业对企业模式。初创企业不再需要创造一些非常独特的概念来启动业务。我们现在在市场上看到的是大量昂贵、难用且过时的遗留软件。这就产生了大量机会供新公司来更新技术。

现在大多数企业软件都是由大型的、数十亿美元规模的公司来销售的，它们已经从小型公司处获得了解决方案，并将其集成在一个大的软件包里。软件非常昂贵，安装、维护和使用也都比较复杂。涉及的有许可协议费，升级、培训费用及其他成本。使情况变得更糟的是，我们现在在个人生活中使用的大多数软件都很简单、可以在移动设备和平板电脑上运行，集成了社交功能，并且无须培训。我看到越来越多的是，初创企业并没有发明新的事物：其选定一个当今遗留软件提供很差服务或根本没有提供服务的商业流程，然后使用新技术以一种服务的形式提供这种商业流程。

医疗卫生行业现在加入了一些初创企业，这些企业能将过去人工处理的流程，如处理索赔、跟踪设备在医院的使用情况及减少服务时间等，实现自动化处理。Workday 是一个用于人力资源管理的 SaaS 解决方案。它很快在大型企业中攫取了一定的市场份额。它的人力资源管理理念没有什么新颖之处。创新之处在于 Workday 交付服务的方式。这个 SaaS 解决方案无须硬件，无须维护，无须资源对其进行管理，无须许可协议费用，也无须每年进行升级。但它所做的并非只是以 SaaS 这种不同模式进行交付。由于完全从零开始构建，所以 Workday 能够架构一个高扩展性的解决方案来支持现代的设备和平板电脑，利用大数据分析，并针对其他企业应用的集成预建了连接器。通过使用更现代的应用程序，以按使用付费的模式为客户提供更好的服务，拥抱云计算的公司有着独特的机会从传统的软件公司那里抢夺市场份额。

大公司当然也不是坐在那儿袖手旁观市场份额的丢失。他们会在这些公司开始引起市场注意的时候对其进行收购。就像过去大型供应商会尽量收购竞争对手并将其集成到一个通用性企业解决方案里一样。这次的区别在于，这些新的基于云的应用在构建时就考虑了整合问题。在过去，将不同的技术堆栈集成到封闭的体系架构中是件很麻烦的工作。现在的云架构基于 RESTful（表述性状态转移）服务，在设计上也是松耦合的。我的看法是，大型供应商最初会失去一些市场份额，但是最终会买下顶级的 SaaS 和 PaaS 方案，然后提供一系列令人印象深刻的按使用付费服务，供客户随意配置。云时代显示出了大量的机会使初创企业可以进入市场，大型公司可以获得创新力。在接下来的几年里会有相当大的发展。

## 16.4　PaaS 是游戏规则改变者

在所有这些领域中，我认为具有最大影响的一个是 PaaS。人们想到 PaaS 时通常想到的是一个适用于.NET 或 LAMP 堆栈开发者的开发平台，但这只不过是 PaaS 的冰山一角。其他会产生巨大影响的 PaaS 方案侧重于移动和大数据。搭建移动应用是个具有挑战性的工作。现在有太多不同的智能手机、功能机和平板，为了能使用户界面正确呈现，需要各种定制化方案。公司通常会向开发者支付搭建 iOS 版本的费用，然后再支付 Android 版本的费用，之后是 iPad 版本等。移动 PaaS 公司使设计师和开发者能够搭建一个版本，然后部署到选择的设备上。PaaS 照顾到了对多设备复杂性的处理。PaaS 解决方案带来了巨大的快速市场化能力，使开发者能够将其开发时间聚焦在新功能特性而非不断变化的底层技术上。

有了大数据，我们现在能够以比之前任何时候都快的速度处理超大规模数据和产生可执行结果。这个领域的进步是带来了更准确的客户信息、实时的联网设备信息（如汽车或飞机引擎的健康状况），并使发现数据中的模式变得无比简单。但管理解决大数据问题所需的数据库和基础设施也是相当复杂的工作，这就带来了新的挑战。现在，各种承担了安装配置的复杂工作并对这些复杂环境进行管理的大数据PaaS解决方案正在涌现。随着这些PaaS方案开始成熟，公司将可以通过使用按使用付费的云服务来实施大数据方案，而非投入大量时间、金钱和资源来自己解决问题。

正是这些自动解决具体、复杂问题的PaaS方案，会使未来的市场响应速度变得明显不同。公司将可以在有限员工和预算的情况下，使用多个PaaS方案来快速构建新的产品和服务。PaaS仍然处在成熟曲线的早期阶段，采用者还不多。在接下来的几年时间里，随着它的成熟和更多公司的接纳使用，我们将会看到新的产品和服务推向市场的速度越来越快。记住我说的：PaaS将成为自打孔卡片向视窗系统的变革以来，给生产力带来最大影响力的事物。

## AEA案例研究：最终的架构

顶点拍卖在线（AEA）已经完成了在零号冲刺的初步设计讨论。也通过阅读书籍和博客、出席会议，参加聚会和观看网络研讨会，完成了大量的研究。在3个关键变量，即时间、金钱和资源中，时间最为固定：6个月。鉴于时间很短，AEA决定尽可能使用PaaS和SaaS。这个决定将大部分责任转移到了云服务提供商处，因此将IT部门解放出来，集中精力在更核心的竞争力上。

从最上层的业务架构示意图开始，AEA 选择了对 API 管理 SaaS 解决方案进行评估。这些方案将使 AEA 能够更快地将 API 层连接到外部合作伙伴处，因为 SaaS 工具将会处理与不同技术堆栈和通信协议的集成。这些方案还会对所有的 API 提供日志、监控、安全和分析。

AEA 还决定使用一个移动后端即服务（mBaaS）的解决方案来加快跨多个设备的用户界面交付速度。开发人员将能够更快地完成产品和服务的市场化，因为他们只需要创建一个用户界面，mBaaS 方案会负责将其设计进行转换，适合市面上的多种设备使用。

AEA 同时选择了一个 PaaS 解决方案来加快以下工作流程：创建内容，列举内容，完成订单，处理付款，并向卖方支付。它选择在 IaaS 上搭建拍卖产品的流程，以满足极高的处理需要。拍卖是一种必须满足高性能需求和能够按需弹性伸缩的交易过程，并且需要能有最多的控制力。另一个决定因素是，遗留系统有一个在本地环境中运行的拍卖引擎。它不具备未来状态架构所要求的弹性能力，但是在现有负载下运行良好。团队认为，为了满足在 6 个月内将合作伙伴连接到平台的交付时间，将拍卖引擎重写就目前而言不太可行。相反他们将会采用混合云的解决方案，使用一个公有的 PaaS 来驱动绝大部分的工作流，但是也会在现有的数据中心使用现有的拍卖引擎。

如果后端系统不是核心竞争力，那么所有的后端系统在计划中未来将全部被 SaaS 所取代，只有 CRM 向 SaaS 的迁移例外——因为已经完成了。

AEA 基础设施团队选择了一个既能被公有的 PaaS 支持，又能运行在数据中心或任意 PaaS 之上的日志和监控工具。这种方法顾及了集中的日志和监控功能。所有的个人身份信息（PII）设定要存放在一个挂有客户表的加密数据库表中。所有的数据通过 HTTPS 传输，PII 数据也进行加密存储。为了不使性能受到影响，其他的数据在存储时不会进行加密。

多个买方和卖方服务使用了第三方服务。例如，AEA 放弃了自己编写买方服务中的“我的购物车”和支付模块及卖方服务的广告模块。

PaaS 解决方案的灾难恢复计划是对云数据库的数据进行定期备份。部署在 PaaS 中的服务的恢复时间目标（RTO）和恢复点目标（RPO）要比拍卖引擎的 RTO 和 RPO 高。鉴于拍卖引擎仍然在本地运行，其现有的灾难恢复计划仍然可用。一段时间之后，当 AEA 重新编写了拍卖引擎时，就会搭建一套双活的热备解决方案来使运行时间最大化。

AEA 之所以能够为余下的组件制订出这样的计划和路线图，是因为它预先花时间进行了充分调研，并采取了一种务实的方式。现在 AEA 有了清晰的方向和策略，可以开始冲刺了。而如果公司一开始马上就进行冲刺，可能会很难打造出具有强结合力的战略，并且可能有选择错误云服务模式和部署模式的风险，这在几年后可能会带来昂贵的代价。

## 16.5 总结

云计算现在已经达到了一个临界点，经过了炒作期，进入了一个企业开始接受云的真实存在和发挥作用的阶段。就像任何一个新的理念或技术一样，云计算里也不存在一个能解决所有问题的方法。在云时代能够获得成功的公司，是那些理解不同云服务和部署模式之间差异并根据自己公司的业务需求做出正确选择的公司。他们必须理解搭建云服务的技术需求，并采用一种合理的架构来满足各种需求。这些公司还必须应对组织变革，对内部抵触、技术缺口、新流程等问题进行管理。正如我们多年来应对的其他转型一样，一切归根到底都是人、流程和技术的问题。

在今天的环境下，公司可以快速使用多种不同云服务的组合，以前所未有的低成本并更快地将新型创新性产品推向市场。鉴于企业和政府在云技术上进行了大笔投资，混合模式变得越来越成熟。随着对混合模式的信任程度的提高，云的采用情况也在快速上升，进入门槛也在下降。由于基础资源的配给可以通过代码完成，获得和管理基础设施对企业的瓶颈影响开始弱化。并且考虑到我们可以像对待代码那样对待基础设施，从业者可以以一种新的方式来搭建和管理软件，提高敏捷性。DevOps 运动是近年来兴起的一种重要的文化转变。已经接纳并熟练掌握了精益思想的公司可以构建出能够比以往更快响应业务需求的高可靠系统。有些公司实际上会一天进行多次部署。

所有这一切使每一家欣然接受并利用类似移动化、大数据、社交媒体营销等新兴技术的公司，在无须成为底层技术专家的情况下，发现全新的商业模式和机遇。变革的速度正在变得越来越快，我们正处在一个空前的技术革命的边缘。拥抱云计算并在云服务的搭建上选择了务实方法的公司，将成为这次变革的主要力量。拒绝云计算或在不了解适当构建云服务有什么要求便匆忙搭建解决方案的公司很可能在变革尘埃落定之后便不复存在。

公司应该接受这个事实，云计算已然成为一种趋势。在云中搭建解决方案时，要对不断出现的变化有所预期。我们仍然处在演进的初期。现在，混合云很流行。几年后，我猜想随着公有云供应商不断增加更多的功能特性来吸引更多的企业和政府业务，公司会为了将更多工作迁移至公有云而逐渐放弃越来越多的控制权。IT 部门的角色将会转向对 API 和特定的行业云的集成，内部编写大量代码的工作会越来越少。

总之，归根到底还是架构。首先必须理解业务需求。将适当的云服务模式和部署模式与业务需求对应起来。搭建业务的核心功能，然后其他部分使用 PaaS 和 SaaS 解决方案。确保最终的架构处理了本书中提到的不同策略问题：审计、数据、安全、日志、SLA、监控、灾难恢复、DevOps 以及组织影响。最后，享受云计算之旅吧。